建设新农村农产品标准化生产丛书

蛋鸡标准化生产技术

编著者

黄炎坤　刘　博

范佳英　马　伟

金盾出版社

内 容 提 要

蛋鸡标准化生产是养鸡业可持续发展的必由之路,是鸡蛋与鸡肉产品质量与安全的技术保证。本书内容包括:蛋鸡标准化生产概述,蛋鸡的良种与品种选择,蛋鸡生产设施,蛋鸡的饲料与安全管理,雏鸡、育成鸡、产蛋鸡的标准化饲养管理,蛋鸡场疫病综合预防措施与药物的标准化使用,蛋鸡的生产管理和经营。文字通俗易懂,内容科学实用,可供蛋鸡饲养者、养鸡场技术和管理人员阅读参考。

图书在版编目(CIP)数据

蛋鸡标准化生产技术/黄炎坤等编著 . —北京:金盾出版社,2006.12

(建设新农村农产品标准化生产丛书)

ISBN 978-7-5082-4160-9

Ⅰ. 蛋… Ⅱ. 黄… Ⅲ. 卵用鸡-饲养管理-标准化 Ⅳ. S831

中国版本图书馆 CIP 数据核字(2006)第 082255 号

金盾出版社出版、总发行

北京太平路 5 号(地铁万寿路站往南)

邮政编码:100036 电话:68214039 83219215

传真:68276683 网址:www. jdcbs. cn

封面印刷:北京印刷一厂

正文印刷:北京天宇星印刷厂

装订:北京天宇星印刷厂

各地新华书店经销

开本:787×1092 1/32 印张:6.875 字数:153 千字

2010 年 8 月第 1 版第 6 次印刷

印数:52001—60000 册 定价:9.00 元

(凡购买金盾出版社的图书,如有缺页、倒页、脱页者,本社发行部负责调换)

序　言

随着改革开放的不断深入,我国的农业生产和农村经济得到了迅速发展。农产品的不断丰富,不仅保障了人民生活水平持续提高对农产品的需求,也为农产品的出口创汇创造了条件。然而,在我国农业生产的发展进程中,亦未能避开一些发达国家曾经走过的弯路,即在农产品数量持续增长的同时,农产品的质量和安全相对被忽略,使之成为制约农业生产持续发展的突出问题。因此,必须建立农产品标准化体系,并通过示范加以推广。

农产品标准化体系的建立、示范、推广和实施,是农业结构战略性调整的一项基础工作。实施农产品标准化生产,是农产品质量与安全的技术保证,是节约农业资源、减少农业面源污染的有效途径,是品牌农业和农业产业化发展的必然要求,也是农产品国际贸易和农业国际技术合作的基础,因此,也是我国农业可持续发展和农民增产增收的必由之路。

为了配合农产品标准化体系的建立和推广,促进社会主义新农村建设的健康发展,金盾出版社邀请农业生产和农业科技战线上的众多专家、学者,组织编写出版了《建设新农村农产品标准化生产丛书》。"丛书"技术涵盖面广，涉及粮、棉、油、肉、奶、蛋、果品、蔬菜、食用菌等农产品的标准化生产技术；内容表述深入浅出，语言通俗易懂，以便于广大农民也能阅读和使用；在编排上把农产品标准化生产与社会主义新农村建设巧妙地结合起来，以利于农产品标准化生产技术在广大农村和广大农民群众中生根、开花、结果。

我相信该套"丛书"的出版发行，必将对农产品标准化生产技术的推广和社会主义新农村建设的健康发展发挥积极的指导作用。

王连铮

2006 年 9 月 25 日

注：王连铮教授是我国著名农业专家，曾任农业部常务副部长、中国农业科学院院长、中国科学技术协会副主席、中国农学会副会长、中国作物学会理事长等职。

目　　录

第一章 蛋鸡标准化生产概述

一、蛋鸡标准化生产的概念及其意义

如果说传统养殖业生产方式带有很大的随意性,那么,现代养殖业则有着严格的质量标准体系及操作规程,每一项作业都有规范可循,每一项作业都有章法可依。为在一定的范围内获得最佳秩序,对活动或其结果规定共同的和重复使用的规则、导则或特性的文件,称为标准。标准应以科学、技术和经验的综合成果为基础,以促进最佳社会效益为目的。在现代化蛋鸡生产过程中,随着科学技术的进步,人们对家禽产品卫生质量要求的不断提高和规模化生产条件基础的改善,蛋鸡标准化养殖技术逐渐被生产、经营和消费者所重视。

我国在农业标准化方面已经做了大量工作,农业部先后组织有关部门分 4 批立项制定了 1 174 项农业行业标准,并在近期安排修订其中的 62 项标准。内容涉及到农业生产和产品的各个领域。标准的制定为我国农业的标准化生产奠定了基础,同样也为蛋鸡标准化生产提供了科学依据。

(一)蛋鸡标准化生产的概念

标准就是要求,就是市场和消费者的要求,蛋鸡生产标准化就是按照标准生产蛋品的全过程。蛋鸡生产标准化的目的是将相关领域的科技成果和多年的生产实际相结合,制定成"文字简单、通俗易懂、逻辑严谨、便于操作"的技术标准和管理标准向蛋鸡养殖企业和生产者推广,最终生产出质优、量多的蛋品供应市场,不但能使企业和养殖场(户)增收,同时还能很好地保护生态环境。其内涵就是指蛋鸡生产经营活动要以市场为导向,建立健全规范化的工艺流程和衡量标准。

(二)蛋鸡标准化生产的意义

实现蛋鸡标准化生产对于提高蛋鸡生产管理水平、鸡蛋产品的质量、改善蛋鸡的健康和提高生产效益、社会和环境效益都具有重要意义。标准化的主要作用表现在以下 7 个方面。

1. 标准化为科学管理奠定了基础　所谓科学管理,就是依据生产技术的发展规律和客观经济规律对企业进行管理,而各种科学管理制度的形式,都以标准化为基础。在我国的蛋鸡生产中,由于生产和经营者的素质参差不齐,生产管理水平相差十分明显,由此带来的生产效果也有很大差距。实行蛋鸡标准化生产技术,在蛋鸡生产的各个环节规范管理内容和措施,能够有效促进蛋鸡生产的管理水平上台阶。

2. 标准化是科研与生产者之间的桥梁　一项科研成果,一旦纳入相应标准,就能迅速得到推广和应用。目前,我国在蛋鸡生产各个环节中所取得的研究成果很多,而在实际生产中的应用却相对有限,很多技术没有得到推广,影响蛋鸡生产的稳定持续发展。因此,标准化可使新技术和新科研成果得到推广应用,从而促进技术进步。

3. 标准化有利于现代生产的组织　随着科学技术的发展,生产的专业化程度越来越高,生产规模越来越大,技术要求越来越复杂,分工越来越细,生产协作越来越广泛,这就必须通过制定和使用标准,来保证各生产部门的活动,在技术上保持高度的统一和协调,以使生产正常进行。所以,标准化为组织现代化生产创造了前提条件。

4.标准化有利于提高蛋品质量 蛋品质量直接影响消费者的健康,是当前消费者非常关注的热点之一。蛋品的质量受许多因素的影响,包括蛋鸡的生产环境、饲料质量、饲养方式、饮水质量、环境条件、卫生防疫措施、健康状况、使用的药物和添加剂以及包装和贮存条件等。许多蛋鸡养殖场(户)在生产过程中可能会对若干环节重视不够,最终使蛋品质量受影响。实行标准化生产后由于大量的环境保护标准、卫生标准和安全标准制定发布,对于提高生产管理水平和蛋品质量提供了基本要求,并用法律形式强制执行,这对保障消费者的健康和安全具有重大作用。

5.标准化有利于环境保护和可持续发展战略规划的实施 环境保护和可持续发展是我国的重要国策。据有关资料报道,在一些地区养殖业所造成的环境污染已经等同于甚至超过了工业污染。所以,一些发达国家和地区(包括我国一些经济发达的城市)开始采取措施,限制养殖业的发展。我国于2001年颁布了《畜禽养殖业污染物排放标准》,此外还有《中华人民共和国环境保护法》、《中华人民共和国水污染防治法》、《中华人民共和国大气污染防治法》、《地面水环境质量标准(GB 3838-1988)》、《污水综合排放标准(GB 8978-1996)》、《环境空气质量标准(GB 3095-1996)》、《大气污染物综合排放标准(GB 16297-1996)》等,这些法规在蛋鸡生产中同样有效。如果能够在生产过程中依据这些法规所要求的条件做,养殖业所造成的环境污染问题就能够得到有效控制。

6.标准化有助于蛋鸡品牌的培育和增强市场竞争能力 我国目前有90%的鸡蛋是以鲜蛋的形式在市场销售的,80%的蛋没有品牌,同样80%以上的蛋鸡养殖场(户)没有品牌意识和行为。这也是我国蛋鸡行业经营理念落后的重要表现。在市场经济条件下,品牌就是企业和产品的质量和信誉保证。

随着传统农业向现代农业发展,农业的品牌化,特别是农产品的品牌化,已日趋重要和日益紧迫。品牌的创建是一个创新的过程,它涉及到人们经营理念的转变、农业管理模式的改革,它可以有效地转变人们传统的思维模式和生产行为。有了好的品牌如果没有科技进步作保障,不实施标准化生产,就不可能有稳定的质量。品牌农产品带来的良好经济效益,也驱动着农产品生产者增加科技投入,主动实施应用标准化。

7. 标准化有助于规范生产,减少盲目生产 我国当前的蛋鸡生产尚处于无序的发展时期,市场鸡蛋价格的变化左右着养殖场(户)的生产,而不是养殖企业对市场进行有效地调控。这种情况导致了一定时期内蛋鸡的饲养量和鸡蛋的市场供应量出现剧烈波动,而由此造成的鸡蛋价格的急剧变化对蛋鸡养殖场(户)的生产效益产生了巨大的冲击,不利于我国蛋鸡业的稳定发展。实施标准化生产能够通过规范蛋鸡养殖企业的生产过程,淘汰一些水平低下的养殖场(户),减少生产的盲目扩张,有助于缓解市场的波动,保护生产者的利益。

二、蛋鸡标准化生产体系的建立

蛋鸡标准化生产体系是一个完整的系统,系统的每个环节都与相关的国际、国家和行业标准相联系。具体体现在以下 7 个方面。

(一)蛋鸡品种的标准化

蛋鸡品种包括标准品种、地方优良品种和配套杂交品系

3类。目前,大量饲养的是专门化配套杂交品系,一部分是地方优良品种,而标准品种则主要作为培育专门化品系的素材使用。蛋鸡的品种都有各自的体型外貌特征、饲养管理特点、制种与选种要求。

蛋鸡品种的标准化就是在遵守国家和各省的《种畜种禽管理条例》的基础上,依据生产目的选择合适品种的时候要综合考虑品种的特征、特性、育种过程与配种要求、饲料营养需要等具体内容,从符合种禽场条件要求的企业引进品种。

(二)蛋鸡生产设施的标准化

生产设施包括蛋鸡场址的选择、场区规划、房舍建造和生产设备等。生产设施不仅影响到鸡场和鸡舍内的生产环境,影响到卫生防疫条件,还影响饲养管理过程的具体实施和劳动生产效率的改善等。

生产设施标准化是要求在场址选择、场区规划时按照《安全食品生产的环境要求》、《畜禽场设计技术规范》中有关要求落实每个细节;在房舍建造时按照建筑规范科学设计不同类型和用途的鸡舍。蛋鸡生产设备目前执行的大都是企业标准,只有少部分有行业标准,在选用的时候需要提前考虑各种设备的技术参数与使用规范。

(三)蛋鸡生产环境的标准化

生产环境条件包括温度、相对湿度、空气质量、气流、照明、噪声、环境微生物的种类和数量等内容。它们直接影响蛋鸡的活动与休息、采食与消化、健康、生长发育和繁殖以及产品的质量。

生产环境的标准化指根据蛋鸡在不同生理阶段的特殊需

要,通过良好的设施条件有效缓解不良的自然气候条件对鸡舍内小环境的影响,控制各项环境因素符合蛋鸡的实际需要。依据《畜禽场环境监测技术规范》及时监测各项生产环境条件。

(四)蛋鸡饲料的标准化

饲料标准化包括蛋鸡的饲养标准、常用饲料原料营养成分标准、饲料添加剂和药品使用规范、饲料加工与质量标准、饲料和饲料添加剂管理条例等。饲料标准化有助于为不同阶段的蛋鸡提供适宜于其健康、生长发育和繁殖的营养基础,并减少营养缺乏症的出现,也有助于保证蛋品的质量。

在这方面农业部立项制定的技术规范有《鸡饲养标准》、《畜禽配合饲料通用技术要求》《禽配合饲料安全评价准则》、饲料中一些药物的测定(如氯霉素、安眠酮、异丙嗪等)、主要饲料原料标准等。

(五)蛋鸡饲养管理的标准化

饲养管理技术包含有生产管理日程、饲养管理制度,饲粮饲喂数量、时间、类型和方法,饮水供应的数量和质量,环境条件控制措施,生产设备的维修,卫生防疫措施的落实,蛋的收捡与存放,种鸡的选留与配种管理,鸡群行为表现的观察等。这些内容都是日常生产中所必不可少的,也是影响鸡群生产性能的关键环节,同时也是衡量一个蛋鸡养殖场(户)生产管理水平的重要标志。蛋鸡饲养管理的标准化有助于为蛋鸡养殖的生产和管理人员提供一个生产技术规范,作为饲养管理操作的依据和检查指导生产的标尺。

(六)蛋鸡卫生防疫的标准化

卫生防疫标准化内容是农业标准中有关养殖业方面最多的部分,从这个侧面也可以看出在我国养殖业生产中卫生防疫以及由此涉及到的畜禽产品质量问题比较多,通过这些规范和标准的实施来提高动物的健康水平和产品的卫生质量,最终为保障消费者的健康提供基本条件。其内容包括蛋鸡场与外界的隔离、卫生防疫、消毒、免疫接种、药物使用、粪便和污水的无害化及资源化处理等。

这方面国家制定的法规和标准有《中华人民共和国动物防疫法》、《农、畜、水产品污染监测技术规范,NY/T 398－2000》、《兽药管理条例》、《兽药使用准则》、《兽医防疫准则》、《畜禽病害肉尸及其产品无害化处理规范》、《畜禽产品消毒规范》、《畜禽产地检疫规范》、《种畜禽调运检疫技术规范》、《新城疫检疫技术规范》、《畜禽粪便无害化处理技术规范》、《兽药技术规范》(兽药典)、《畜禽饲养场环境污染控制技术规范》、《鸡屠宰加工厂(场)安全卫生规范》、《种鸡场、孵化厂卫生规范》、《无规定动物疫病区技术条件》、《蛋及蛋制品中呋喃唑酮残留检测方法》、《蛋及蛋制品中氯霉素的测定(酶联免疫吸附法)》、《重大动物疫病控制技术规范》、《禽流感检疫规程》、《畜禽饲养场质量及卫生控制规范》、《种畜禽场环境卫生标准》、《畜禽场环境质量评价准则》、《雏鸡疫病检疫技术规程》等。

(七)蛋鸡生产管理和经营的标准化

这方面主要是借鉴一些工业企业先进的管理经验和经营理念,结合蛋鸡生产的特点,安排蛋鸡养殖场的人员管理、资金管理、成本管理,制定有关的管理规章制度、安排生产计划、产品宣传和销售策略等。通过引进工业企业的管理和经营的标准化经验,提高养殖企业的经营和管理水平。

三、标准化与绿色鸡蛋的生产

(一)绿色食品的概念与特征

进入 20 世纪 90 年代以来,以绿色食品为代表的产品绿色革命已成为国际浪潮,绿色消费为越来越多的组织与个人接受。绿色食品正加快向社会化、产业化、国际化方向推进,显示出生机勃勃的发展活力。

1. 绿色食品的概念　绿色食品,是指遵循可持续发展原则,按照特定生产方式生产,经专门机构认定,许可使用绿色食品标志,无污染的安全、优质、营养类食品。"按照特定生产方式生产",是指在生产、加工过程中按照绿色食品的标准,禁用或限制使用化学合成的农药、肥料、添加剂等生产资料及其他可能对人体健康和生态环境产生危害的物质,并实施"从土地到餐桌"全程质量控制。

无污染、安全、优质、营养是绿色食品的特征。无污染是指在绿色食品生产、加工过程中,通过严密监测、控制,防范农药残留、放射性物质、重金属、有害细菌等对食品生产各个环节的污染,以确保绿色食品产品的洁净。绿色食品的优质特性不仅包括产品的外表包装水平高,而且还包括内在质量水准高;产品的内在质量又包括两方面,一是内在品质优良,二是营养价值和卫生安全指标高。

2. 绿色食品的标准

第一,产品或产品原料产地必须符合绿色食品生态环境质量标准。

第二,农作物种植、畜禽饲养、水产养殖及食品加工必须符合绿色食品的生产操作规程。

第三,产品必须符合绿色食品质量和卫生标准。

第四,产品外包装必须符合国家食品标签通用标准,符合绿色食品特定的包装、装潢和标签规定。

3. 绿色食品的特征　与普通食品相比有3个显著特征。

(1)强调产品出自最佳生态环境　绿色食品生产从原料产地的生态环境入手,通过对原料产地及其周围的生态环境因子严格监测,判定其是否具备生产绿色食品的基础条件。

(2)对产品实行全程质量控制　绿色食品生产实施"从土地到餐桌"全程质量控制。通过产前环节的环境监测和原料检测,产中环节具体生产、加工操作规程的落实,以及产后环节产品质量、卫生指标、包装、保鲜、运输、贮藏、销售控制,确保绿色食品的整体产品质量,并提高整个生产过程的标准化水平和技术含量。

(3)对产品依法实行标志管理　绿色食品标志是一个质量证明商标,属于知识产权范畴,受《中华人民共和国商标法》保护,并按照《商标法》、《集体商标、证明商标注册和管理条例》与《农业部绿色食品标志管理办法》开展监督管理工作。

(二)绿色鸡蛋的概念与特征

绿色鸡蛋是指遵照食品相关标准,使用符合绿色食品要求的饲料原料,生产设备,生产的成品达到绿色食品相关质量要求,并遵循绿色食品规范进行包装的鸡蛋。"绿色鸡蛋"或"无公害鸡蛋"至少包括两方面的内容:一是鸡蛋里面不能有一些药物及添加剂的残留或抗生素的残留;二就是蛋壳的表面不能有有害的微生物,尤其是不能有致病的沙门氏菌和大肠杆菌,鸡蛋生产过程容易被细菌污染,必须经过清洁处理来保证卫生。

(三)蛋鸡标准化与绿色鸡蛋生产

我国虽然是世界上生产和消费鸡蛋数量最大的国家,年产鸡蛋总量在2 000万吨左右,但是鸡蛋的生产技术水平和蛋品质量却不尽如人意。市场上95%以上的鸡蛋都是由农户和中小企业生产,由于资金、技术、管理等多方面的限制以及市场价格的恶性竞争,一些生产者为了降低成本,便偷工减料,使用劣质饲料;为降低疫病风险,滥用抗生素。致使鸡蛋品质低下,营养失衡,致病菌、抗生素等有害物的残留严重超标。这种情况已经对当前的蛋鸡业造成了许多负面影响。

正是上述问题,加上许多生产者不了解有关蛋鸡生产的规范和标准,致使大量的鸡蛋及其产品质量存在问题。推行蛋鸡标准化生产技术的目的在于规范蛋鸡生产过程的各个环节,依据"绿色或无公害鸡蛋"生产的标准落实每个生产内容,使最终的鸡蛋产品达到安全、营养的目标。

四、我国蛋鸡业的发展现状

(一)鸡蛋生产情况

自1985年我国鸡蛋的总产量超过美国跃居世界之首以来一直稳居世界第一。据联合国粮农组织统计,2004年中国的蛋鸡存栏量为21.334亿只,鸡蛋产量为2 434.14万吨,分别占全世界总数的39.25%和42.04%。2002年人均鸡蛋的供应量,中国为17.4千克,是世界平均水平(8.4千克)的2.04倍。

与先进国家和地区相比,我国蛋鸡生产水平还有很大的差距。目前我国大多数蛋鸡养殖场(户)的入舍鸡72周龄产蛋量约为15千克/只,存活率80%,而世界先进水平则相应为19千克/只和92%左右。

(二)现阶段我国蛋鸡业的生产经营模式

纵观我国当今蛋鸡业的生产和经营模式,可归纳为以下4种形式。

1. 养鸡合作社　这种形式是由具有一定实力的蛋鸡生产企业,联合周边一些具有一定饲养规模的养鸡户作为公司的成员,形成的一种合作化经营模式。合作社具有统一的商标,生产过程按照公司的要求统一执行。这种生产形式其饲养场的布局比较合理、设施完善、防疫严格,基本符合《动物防疫法》的要求,是我国蛋鸡业今后发展的重要模式。但是,在全国的数量还比较少。

2. 养鸡小区　这是一些地方政府出面组织安排的一种相对集中的蛋鸡饲养模式,是为解决农户分散饲养疫病难防等问题进行的有益尝试。虽说小区实行"统一供雏、统一防疫、统一供料、统一管理",但由于饲养者是各家各户,其素质参差不齐,违背上述"四统一"的事情屡屡出现。且许多小区的建设在一开始就受到行政干预,多数未按养殖规律规划布局,小区内疫病交叉传染严重。

3. 个体养鸡户　这些养鸡户的饲养规模在数百只到3万只之间。这部分养鸡者缺乏技术扶持,防疫意识淡薄,鸡粪随意堆放,病死鸡随意丢弃或食用,环境污染十分严重,是目前我国蛋鸡生产中最常见的也是疫病风险最大的生产模式。但因其机动灵活,个人劳动又不计成本,是我国相当长时间内存在的一种模式。

4.大型蛋鸡生产企业 一般的蛋鸡存栏数量在 10 万只以上,有的达数十万只或上百万只。这些蛋鸡场的生产管理比较规范,各个生产环节能够按照标准化生产管理要求执行,能够在较短时间内提供大量的产品。是我国鸡蛋出口和进入大中城市的主要提供者。其问题主要是生产经营成本较高,在当前消费者质量意识还不够强的情况下,缺少与个体养鸡户的价格竞争优势。

五、标准化蛋鸡生产中存在的问题

(一)鸡蛋市场已经处于饱和状态

近年来,我国的蛋鸡存栏量和鸡蛋产量分别占全球总量的 39.25% 和 42.04%。由于我国鸡蛋的出口量很少(约占鸡蛋产量的 0.5%),绝大多数的鸡蛋都是在国内市场消费的。目前,即便是在农村吃鸡蛋已经不再是难得的事了。

由于国内鸡蛋的人均占有量连续多年来已经超过 15 千克,远远超出了世界的人均水平,增加国内消费量的潜力已经不大。这也是近年来我国蛋鸡业的生产效益起伏波动的关键原因。

(二)疾病是困扰蛋鸡业健康发展的重要问题

据有关资料报道,我国养鸡业中每年由于传染病所导致的鸡只死亡数量约为 3 亿只,造成的直接经济损失约 30 亿元,造成的间接损失约 100 亿元。其他疾病造成的经济损失约 60 多亿元。

尽管在近年来我国兽医科技取得了大量的成果,但是由于各种原因,许多成果没有能够在蛋鸡生产实际中发挥应有的作用。2003 年冬季和 2004 年春季高致病性禽流感所造成的影响将是深远而深刻的。

在国内许多蛋鸡主产区传染病的问题基本没有得到有效控制。这不仅直接影响到了蛋鸡的生产和健康水平,提高了生产成本,更重要的是对蛋品卫生质量的影响,这也是我国蛋品出口方面最大的障碍。

(三)新技术推广缺乏力度

近年来我国在家禽营养与饲料、饲养设施与环境控制、自动化技术、疫病诊断与防治技术等领域内的研究已经达到或接近国际先进水平,但是许多新技术却没有能够在生产中得到应用。当前,大多数中小型蛋鸡养殖场(户)使用的技术仍然停留在 10 多年前的水平,生产中出现的问题都是能够比较容易控制的问题,而这些在专业实验室中很容易解决的问题却给生产造成了严重的损失。

新技术推广缺乏力度的另一种表现是蛋鸡业生产中的从业者大多数没有经过专业培训(许多人靠的是摸索和经验),而懂技术的人员很少直接从事生产。我国开设畜牧兽医专业的大专院校有近百所,每年本、专科毕业生约 1.5 万人。但是,这些学生中进入大中型养鸡场工作的不足 10%,绝大多数都进入了饲料、兽药行业或转入其他行业。而饲料厂、兽药厂的业务人员和售后服务人员很少会深入养鸡场(户)的生产过程以了解生产实际,探究问题的根源,只能用以往所学习的理论知识去分析问题,难以提出切实可行的解决方案。

(四)蛋品质量是制约蛋鸡业发展的瓶颈

无论是出口还是国内消费,蛋品的质量已经成为消费者所高度关注的焦点。从蛋的外观品质到内部质量都已经成为影响蛋品销路和销售价格的重要因素。

蛋的外观品质主要集中在蛋壳质地的均匀性和厚度、蛋壳颜色以及蛋重大小;蛋的内部品质的衡量则包括蛋黄颜色、蛋白高度、蛋内异物等物理学指标,生物学指标则主要是蛋内微生物的类型与数量,化学指标则以化学药物的残留量为主要评价依据。

在我国的蛋鸡生产中由于疾病、所使用的饲料原料和药物等方面的原因,褐壳蛋鸡的蛋壳颜色常常出现深浅不一,蛋壳表面粗糙以及有黑褐色斑点附着的情况,这样的蛋所占的比例有时还比较高,影响着消费者的购买欲。鸡蛋中沙门氏菌、支原体等病原微生物的阳性率偏高,某些特定的检测药物残留量超标,是我国目前鸡蛋出口的主要障碍,估计也将成为今后进入国内大中城市消费市场的制约因素。

(五)小规模生产经营模式难以与大市场接轨

目前,我国蛋鸡业的生产经营模式仍然是以中小型规模的农户养殖为主,其所饲养蛋鸡数量约占商品蛋鸡总量的75%以上。这种生产经营模式在1998年以前对于促进我国蛋鸡业的数量扩张、提高蛋品产量起到了巨大的促进作用。由于其投资相对较少,可以充分利用农村闲散劳力和粮食及农副产品,确实成了稳定农村工作、提高农民收入的有效途径。但是,在进入1998年以后,我国蛋鸡存栏量及鸡蛋产量供求平衡或供略大于求,国内消费者对蛋品质量要求明显提高,国家对食品卫生质量也给予了高度重视。国家先后颁布了《绿色畜产品》、《无公害食品标准》、《蛋卫生标准》、《蛋制品卫生标准》等法规和条例,并要求在全国大中城市逐步实行农牧产品市场准入制。这使得农户小规模分散生产和经营的方式面临着一种前所未有的挑战。

在我国加入世界贸易组织(WTO)后,对于开展国际贸易提供了更有利的条件,然而近年来,我国鸡蛋的出口量并没有因此而增加。自 1999 年以来,我国鸡蛋出口量维持在每年 10 亿个左右,只占总产量的 0.34% 左右。日本每年的鸡蛋进口量为 17.3 亿个,香港特区为 15.13 亿个,是当年我国鸡蛋出口量的 3.24 倍。出口量低一方面是蛋品质量问题,另一方面与我国蛋鸡企业的规模有关。

(六)生产环境污染问题突出

由于污水和粪便处理需要增加投资,环保意识不强,一些蛋鸡养殖场(户)将粪便、病死鸡随处堆放,对鸡场周围环境(包括土壤、地下水、设备、房舍等)造成严重污染。鸡群生活在一个受污染的环境中,时刻都受到疾病的威胁。

六、我国蛋鸡业的出路

我国蛋鸡生产今后必须围绕提高鸡蛋质量和增强市场运作能力为发展的突破口,其主要途径有以下几个方面。

(一)发展特色性蛋品生产

在国内大中城市的许多消费者目前非常看好土鸡蛋,其价格比普通的笼养鸡蛋高出许多。土种鸡的抗病力强、疾病少，平时很少喂药，蛋的卫生质量和风味都比笼养鸡蛋好。事实上，真正的农户散养鸡所产的"土"鸡蛋确实如此。据分析，土鸡蛋的干物质、蛋白质和脂肪、脂溶性维生素含量均比笼养鸡蛋高，食用时的口感也明显好。

目前，在国内市场销售的鸡蛋商品除常见的笼养鸡鸡蛋外，还具有多种特色，如土鸡蛋、绿壳鸡蛋、红心鸡蛋、保健蛋等一应俱全。这些特色性鸡蛋产品不仅售价较高，而且包装精美，常常被作为馈赠亲友的礼品。

我国大部分地区的自然条件适宜于发展散养鸡生产。豫西的卢氏县、豫南的固始县和豫北的鹤壁市，内蒙古草原，湖南、湖北和广东等地都形成了一定的规模，并有组织地进行了市场运作。

(二)发展集团化合作经营模式

我国蛋鸡产业的风云变幻、周期性起伏，使生产和经营者意识到，蛋鸡企业要想持续、健康发展，必须从传统的管理模式向现代化模式转变。

无论是适应国内大中城市农牧产品市场准入制还是在鸡蛋出口方面都需要有大型企业集团作为支撑。这就要求在今后一段时期内我国的养鸡场(户)应该按照区域逐步组成一些大型的集团公司或联合体。

大型的蛋鸡集团公司或联合体是解决当前我国蛋鸡小规模分散生产和经营落后模式的根本途径。在集团和联合体内实施品牌战略，实行统一技术和经营管理规范。这不仅有助于解决科技棚架问题，对于产品的出口贸易和适应大中城市农牧产品市场准入制也是十分必要的。

(三)加强鸡场污染的综合治理工作

我国蛋鸡业发展过程中,基本没有对生产所造成的环境污染给予应有的重视,鸡粪随地堆放、污水四处流淌、死鸡随便丢弃或出售的现象十分普遍,这也是造成疾病难以有效控制的重要原因。据报道,一个饲养 1 万只蛋鸡的鸡场,年排出粪污约 420 吨。全国畜禽养殖场产生的粪污中只有 5% 被简单处理后利用,其他都不加处理随意排放,对环境造成的污染已经到了很严重的程度。国家环保总局已经制定发布了《畜禽养殖业污染物排放标准》,但是在贯彻落实过程中还需要更多的努力。

(四)提高鸡场规范化管理水平

目前,国家已经制定了种畜禽管理条例,但是在实际生产中有的贯彻执行不力,在技术管理层面上同样广泛地存在管理不规范的现象,如消毒管理、病死鸡处理、鸡群的日常管理、环境管理等。这也是目前我国蛋鸡场在管理上与先进国家和地区存在较大差距的地方。我国绝大多数蛋鸡生产场(户)的主人学历层次和文化程度低,缺乏现代化企业经营和管理理念及科学决策意识,这也是造成我国蛋鸡业生产水平低、管理混乱的主要原因。提高养殖场主的科学文化素质,提高鸡场规范化管理水平,也是提高蛋鸡单产的主要途径。按照当前我国在鸡蛋产量不变的情况下,还有减少 15% 左右饲养量的潜力可挖。

(五)要转变传统的养鸡观念

1. 从单纯追求高产向全面追求高效转变　既要降低生产

成本,又要提高饲养管理和疫病防治水平,重视料蛋比,从而全面追求高效。

2. 由传统养殖向绿色生态、高附加值养殖转变 从单纯追求产蛋数量向既追求产蛋数量又追求鸡蛋的高品质和高附加值转变;从单纯养殖向养殖、产品深加工并重转变;从单纯追求国内市场向追求国内和国际两个市场转变。采用高新技术,生产高附加值产品、绿色食品。

3. 从小生产者的独立经营向农业产业化经营转变 面向市场,树立优质产品的品牌战略,逐步实现规模化、产业化经营,形成资源优势互补,不断提高综合竞争能力、实现双赢。

(六)加强科学技术培训工作

有关职能部门应大力支持和鼓励科技人员成为科研机构、高等院校、专业学会联系养殖一线的桥梁。行业引导和技术推广的重点应抓大场大户,建立集中育雏、浓缩料混合加工、鸡粪无污染处理、产销服务、防病治病等专业场(户)或中心。逐步打破农村小而全的个体经营方式,有目的地对一些通风不良的旧鸡场(舍)进行改造,推广生态养殖法,实现生物能源循环利用。大力倡导养殖户组织起来,加入各级行业协会。协会一方面可以对分散零乱的养殖户进行有序的科学化管理,另一方面可以形成规模,抵御市场冲击,稳定发展蛋鸡业。

(七)关注禽蛋产品的安全性,提高产品质量

第一,根据《兽药管理条例》、《饲料及饲料添加剂管理条例》,建立规范有序的生产、销售、使用监管体系。

第二,加强禽场的兽医卫生管理和无特定疫病区建设工

作,从源头着手解决问题。

第三,严格遵守停药期的规定,把药残控制在安全残留量之下。

第四,加速建立完善鸡蛋产品生产与加工、销售的各环节质量标准体系。

第五,加强质量监测体系建设。

七、标准化蛋鸡生产应具备的基本条件

从事蛋鸡生产需要具备一定的条件,以应付在生产过程中很有可能会发生的各种各样的问题,保证鸡群的健康和生产效果。

(一)生产和经营者要有良好的素质

1. 高度的敬业精神　因为蛋鸡生产的对象是活的家禽,其健康状况、生产性能容易受各种外界因素的影响。而某些生产环节可能是费心、费力、费时的,但是对生产影响又是直接且重大的,如育雏需要昼夜值班以观察雏鸡对周围环境的反应,免疫接种时需要保证疫苗接种的数量、部位的准确性,在孵化过程中需昼夜值班以了解孵化设备的运行是否正常等。

蛋鸡生产中许多环节需要细心观察、耐心处理,如果对工作的责任心不强、处理问题粗心,则常常导致严重的后果。

2. 良好的技术素质　蛋鸡生产是一门专业技术,其中的各个环节看似简单,但是要真正做好并不是件容易的事情。因此,从事蛋鸡生产的人员不仅要具备资金条件,更要懂技术会管理。对生产中的各个环节不仅要愿意去做,还要知道如何去做,怎样做好。

3. 管理素质 在市场经济条件下,鸡蛋市场价格和需求类型变化频繁。蛋鸡生产企业如果不能很好地确定经营理念、制定经营策略,加强企业内人事、财务、物资、技术和质量管理,则很难在市场竞争中站稳脚跟。

(二)要时刻了解和把握市场需求变化

养殖业生产是我国跨入市场调节机制最早的行业,生产效益在很大程度上是由产品的市场价格所决定的。

作为蛋鸡生产和经营者来说,在进行投资之前需要对市场的需求进行广泛的调查,了解市场对某种产品的需求量和供应情况。对于那些市场需求量较小、市场供应比较充足的产品要慎重投资。

任何一种商品的市场供应情况都处于波动的变化过程之中,不会一直稳定不变,而这种变化通常体现在商品的价格上。同时,这种变化是有一定规律的,对于经营者来说需要通过分析市场行情来把握市场变化的规律,决定饲养的时间和数量等,使产品在主要供应市场阶段与该产品的市场高价格时期相吻合。只有这样才能获取更高的生产效益。

开发市场也是提高蛋鸡生产效益的重要措施,一些蛋鸡所特有的经济学特性或产品优势还不为消费者所了解,需要通过宣传才能够让消费者认识、了解和接受。

(三)选用蛋鸡的优良品种

品种是蛋鸡生产的重要基础条件,不同的品种其生产性能有很大差别。作为优良品种应该具备的条件有以下几点。

1. 主要产品符合市场(消费者)的需要 不同地区的消费

者对产品质量的认可是有很大差别的,如在华南各地人们喜欢褐壳蛋、粉壳蛋和绿壳蛋,而在华北地区则对褐壳蛋和白壳蛋无明显的偏向性;在北方城市中绿壳蛋的价格会比褐壳蛋和白壳蛋高很多。在选择蛋鸡品种时要考虑当地人们对鸡蛋外观质量的偏爱性。

2. 要有良好的生产性能表现　尽管目前大多数蛋鸡配套系的种源相同或相似,但是在各个品种之间的生产性能会有一定的差别,在不同类型蛋鸡之间这种差别可能会更大。如一般的褐壳蛋鸡和白壳蛋鸡年产蛋数能够达到 280 个左右,而绿壳蛋鸡一般不会超过 200 个;一般的褐壳蛋鸡和白壳蛋鸡平均蛋重约 63 克,而小型粉壳蛋鸡(如农大褐 3 号)平均蛋重仅 50 克左右。由此可见,选择生产性能高的品种对于提高生产水平是非常重要的。

3. 要有良好的适应性和抗病力　有的品种在某些地区(尤其是原产地)能够表现出良好的生产水平,但是引种到其他地区后则生产性能或抗病力明显下降。这对于引种者来说可能会造成很大的经济损失。

(四)良好的生产设施与环境

合格蛋鸡的生产设施能够为蛋鸡提供一个良好的生活和生产环境,能够有效地缓解外界不良条件对蛋鸡的影响。此外,还可以降低生产成本、提高劳动效率。

蛋鸡生产过程基本是在鸡舍内进行的,舍内环境对鸡的健康和生产有着直接影响。生产设施对蛋鸡舍内环境影响很大,能否保持舍内环境条件的适宜是衡量生产设施质量的决定因素。

蛋鸡舍的投资也是生产成本的重要组成部分,合理利用当地资源,在保证设施牢固性和高效能的前提下降低投资也是降低生产成本的重要途径。

环境污染是造成当前我国蛋鸡生产过程中疫病频发的根本原因。许多蛋鸡养殖场(户)由于在生产中不注意粪便、污水和病死鸡的无害化处理,导致生产环境被严重污染,使鸡群生活在一个充满威胁的环境中,任何因素造成的机体抵抗力下降都可能导致疾病的暴发。

(五)饲料配制要科学

蛋鸡的生产水平是由遗传品质所决定的,而这种遗传潜力的发挥则很大程度上受饲料质量的影响。没有优质的饲料任何优良品种的蛋鸡都不可能发挥出高产的遗传潜力。因此,可以说饲料是现代养殖业发展的重要基础。

由于蛋鸡自身的生物学特性和特殊的饲养方式,不同类型鸡的饲料配合要求有明显的区别,必须按照不同阶段蛋鸡的生产要求配制饲料。

饲料质量不仅影响蛋鸡的生产水平,而且对产品质量影响也很显著。如屠体中脂肪含量、蛋黄的颜色深浅等。有些饲料营养成分还能够进入肉或蛋内,进而影响肉和蛋的质量。

(六)疫病防治要严格

由于我国蛋鸡生产主要集中在广大农户,呈现出大群体、小规模分散饲养的生产和经营方式,给疫病的防治工作带来很大困难,也使疫病成为当前威胁蛋鸡生产发展的主要障碍。

疫病发生不仅导致蛋鸡死亡率增加、生产水平下降、生产成本增高,而且还直接影响到产品的卫生质量。疫病问题也是造成部分蛋鸡饲养场(户)生产失败的主要原因。疫病防治需要采取综合性的卫生防疫措施,单纯依靠某一种措施或方法是难以达到防治目的的。

(七)饲养管理技术要规范

饲养管理技术实际上是上述各项条件经过合理配置形成的一个新的体系,包含了上述各环节的所有内容。它要求根据不同生产目的、生理阶段、生产环境和季节等具体情况,选择恰当的配合饲料、采取合理的饲喂方法、调整适宜的环境条件、采取综合性卫生防疫措施。尽力满足蛋鸡的生长发育和生活需要,创造达到最佳生产性能的条件。

第二章 蛋鸡的良种与品种选择

一、引进和培育的蛋用鸡种

现代鸡种是利用品系繁育技术,培育出专门的父本品系和母本品系,之后通过配合力测定所选择出的优秀杂交组合。目前,世界范围内的蛋鸡育种公司由于相互收购和兼并,向世界提供蛋鸡的商业育种公司集中为 3 家,即德国罗曼家禽育种公司(其产品有罗曼褐、罗曼粉、罗曼精选来航;海兰褐、海兰 W-36;尼克红、尼克白、尼克粉等)、法国伊萨家禽育种公司(其产品有伊萨褐、新红褐、伊萨巴布考克 B-380、雪弗白、雪弗褐等)和荷兰的汉德克家禽育种公司(其产品有宝万斯褐、宝万斯高兰、宝万斯粉、宝万斯尼拉、海赛克斯褐、海赛克斯白、迪卡褐、迪卡白等),3 个公司的产品占世界蛋鸡市场的80%以上。

由于各个育种公司不断向市场推出新的配套杂交组合,因此在蛋鸡市场上多数鸡种在经过 5～8 年的推广时期后就可能消失而为其他鸡种所替代。在引种的时候需要向当地专家请教有关品种的资料信息。

(一)白壳蛋鸡

主要是以单冠白来航品种为基础育成的,是蛋用型鸡的典型代表。目前,白壳蛋鸡的饲养数量很多,分布地区也最广。因为这种鸡开产早、无就巢性、产蛋量高;体格小,耗料少,产蛋的饲料报酬高;单位面积的饲养密度高;蛋中血斑和肉斑率很低,适应性强,适宜于集约化笼养管理。它的不足之处是富于神经质,胆小易惊,抗应激性较差;啄癖较多,特别是开产初期啄肛造成的伤亡率较高。

1. 北京白鸡 北京白鸡是华都集团北京市种鸡公司从1975 年开始,在引进国外白壳蛋鸡的基础上培育成功的系列型优良蛋用鸡新品种(如京白 939、华都京白 A98 等)。该鸡体型小而清秀,全身着白色羽毛紧贴身躯。北京白鸡的主要特点是性成熟早、产蛋率高、饲料消耗少、适应性强。北京白鸡年产蛋 260～280 个,平均蛋重 57 克,每生产 1 千克蛋耗精料 2.3 千克左右,均达到了商品代蛋鸡的国际水平。这种鸡既可在北方饲养,也可在南方饲养,既适于工厂化高密度笼养,也适于散养。

2. 海赛克斯白 该鸡系荷兰尤利布里德公司育成的四系配套杂交鸡。以产蛋强度高、蛋重大而著称,被认为是当代最高产的白壳蛋鸡之一。其产蛋遗传潜力公司保证 279 个。该鸡种 135～140 日龄见蛋,160 日龄达 50％产蛋率,210～220日龄产蛋高峰就超过 90％以上,总蛋重 16～17 千克。据英国、瑞典、德国、比利时、奥地利等国测定,平均资料为:72 周龄产蛋数 274.1 个,平均蛋重 60.4 克,每千克蛋耗料 2.6 千克,产蛋期存活率 92.5％。

3. 罗曼白 罗曼白系德国罗曼公司育成的两系配套杂交鸡,即精选罗曼 SLS。由于其产蛋量高,蛋重大,引起了人们的青睐。据罗曼公司的资料,罗曼白商品代鸡:0～20 周龄育成率 96％～98％;20 周龄体重 1.3～1.35 千克;150～155日龄达 50％产蛋率,高峰产蛋率 92％～94％,72 周龄产蛋数290～300 个,平均蛋重 62～63 克,总蛋重 18～19 千克,每千克蛋耗料 2.3～2.4 千克；产蛋期末体重 1.75～1.85 千克；产蛋期存活率 94%～96%。

4. 海兰 W-36 该鸡系美国海兰国际公司育成的四系配套杂交鸡。据公司的资料，海兰 W-36 商品代鸡：0～18 周龄育成率 97%，平均体重 1.28 千克；161 日龄达 50% 产蛋率，高峰产蛋率 91%～94%，32 周龄平均蛋重 56.7 克，70 周龄平均蛋重 64.8 克，80 周龄入舍鸡产蛋数 294～315 个，饲养日产蛋数 305～325 个；产蛋期存活率 90%～94%。海兰 W-36 雏鸡可通过羽速自别雌雄。

5. 宝万斯白 为四元杂交白壳蛋鸡配套系，A 系、B 系、D 系为单冠、白毛快羽系；C 系为单冠、白毛慢羽系。父母代父本单冠、白毛快羽，母本为单冠、白毛慢羽。商品代雏鸡单冠、白羽、羽速自别：快羽为母雏，慢羽为公雏。具典型的单冠白来航鸡的外貌特征。其高产性已被世界公认，蛋重均匀，蛋壳强度好。

（1）父母代主要生产性能与生长发育指标

①生长阶段（0～20 周龄） 6 周龄平均体重：公鸡 455 克、母鸡 420 克；18 周龄体重：公鸡 1 520 克、母鸡 1 200～1 250 克；20 周龄体重：公鸡 1 740 克、母鸡 1 350～1 400 克；20 周龄成活率 95%～96%，入舍鸡耗料 7.1～7.6 千克。

②产蛋阶段（21～68 周龄） 成活率 92%～93%，平均日耗料 113～115 克/只；达 50% 产蛋率日龄 150～155 天，高峰产蛋率 91%～93%。入舍鸡产蛋数 255～265 个，入舍鸡产种蛋数 225～235 个，入舍鸡提供母雏数 90～95 只。

（2）商品代主要生产性能与生长发育指标

①生长阶段（0～20 周龄） 6 周龄体重 495 克，18 周龄体重 1 190～1 240 克，20 周龄体重 1 350～1 400 克；20 周龄

成活率96%～98%,入舍鸡耗料6.8～7.3千克。

②产蛋阶段(21～80周龄) 成活率94%～95%,平均每只每天耗料104～110克,达50%产蛋日龄140～147天,高峰产蛋率93%～96%,入舍鸡产蛋数327～335个,平均蛋重61～62克,料蛋比2.1～2.2∶1。

(二)褐壳蛋鸡

褐壳蛋鸡是在蛋肉兼用型品种鸡的基础上经过现代育种技术选育出的高产配套品系,所产蛋的蛋壳颜色为褐色,而且蛋重大、刚开产就比白壳蛋重;蛋的破损率较低,适于运输和保存;鸡的性情温驯,对应激因素的敏感性较低,好管理;体重较大,产肉量较高;耐寒性好,冬季产蛋率较平稳;啄癖少,因而死亡、淘汰率较低;商品代杂交鸡可以根据羽色自别雌雄。但褐壳蛋鸡体重较大,采食量每天比白羽蛋鸡多5～6克,每只鸡所占面积比白色鸡多15%左右,单位面积产蛋少5%～7%;这种鸡有偏肥的倾向,饲养技术难度比白鸡大,特别是必须实行限制饲养,否则过肥影响产蛋性能;体型大,耐热性较差;蛋中血斑和肉斑率高,感观不太好。目前,一些育种公司通过选育已经使褐壳蛋鸡的体重接近白壳蛋鸡。

1.伊萨褐 伊萨褐系法国伊萨公司育成的四系配套杂交鸡。是目前国际上最优秀的高产褐壳蛋鸡之一。伊萨褐父本两系(A,B)为红褐色,母本两系(C,D)均为白色,商品代雏可用羽色自别雌雄,公雏白色,母雏褐色。据伊萨公司的资料,商品代鸡0～20周龄育成率97%～98%,20周龄体重1.6千克,23周龄达50%产蛋率,25周龄母鸡进入产蛋高峰期,高峰产蛋率93%,76周龄入舍鸡产蛋数292个,饲养日产蛋数302个,平均蛋重62.5克,总蛋重18.2千克,每千克蛋耗料

2.4～2.5千克,产蛋期末母鸡体重2.25千克,存活率93％。

2. 海赛克斯褐 该鸡系荷兰尤利布里德公司育成的四系配套杂交鸡。该鸡在世界分布也较广,是目前国际上产蛋性能最好的褐壳蛋鸡之一。父本两系均为红褐色,母本两系均为白色,商品代雏可用羽色自别雌雄:公雏为白色,母雏为褐色。据该公司介绍,海赛克斯褐的产蛋遗传潜力为年产295个,公司保证入舍鸡产蛋数为275个。商品代鸡0～20周龄育成率97％,20周龄体重1.63千克,78周龄产蛋数302个,平均蛋重63.6克,总蛋重19.2千克;产蛋期存活率95％。

3. 罗曼褐 罗曼褐是德国罗曼公司育成的四系配套、产褐壳蛋的高产蛋鸡。父本两系均为褐色,母本两系均为白色。商品代雏直接可用羽色自别雌雄,公雏白羽,母雏褐羽。罗曼褐父母代蛋种鸡的生产优势,主要体现在对环境适应性强,成活率高,产蛋期(21～68周)成活率为95.2％,对饲料的能量水平要求较低,耐粗饲,生产可利用种蛋数多,高峰产蛋率高达97％,产蛋高峰持续时间长,产蛋率90％以上维持20周以上,68周龄可提供母雏100只以上,蛋壳颜色均一,蛋壳质量好。

罗曼褐父母代开产日龄21～23周,高峰产蛋率90％～92％。每只入舍鸡68周龄产蛋数255～265个,产种蛋数225～235个,提供母雏90～96只;72周龄产蛋数273～283个,产种蛋数240～250个,提供母雏95～102只。饲料消耗:1～20周龄8千克,21～68周龄(公鸡加母鸡)40千克;20周龄体重:母鸡1.5～1.7千克,公鸡2～2.2千克;68周龄体重:母鸡2～2.2千克,公鸡3～3.3千克。存活率:育成期96％～99％,产蛋期存活率93％～96％。

罗曼褐商品代鸡 0～20 周龄育成率 97%～98%，152～158 日龄达 50% 产蛋率；0～20 周龄总耗料 7.4～7.8 千克，20 周龄体重 1.5～1.6 千克；高峰产蛋率为 90%～93%，72 周龄入舍鸡产蛋数 285～295 个，12 月龄平均蛋重 63.5～64.5 克，入舍鸡总蛋重 18.2～18.8 千克，每千克蛋耗料 2.3～2.4 千克；产蛋期末体重 2.2～2.4 千克；产蛋期存活率 94%～96%。据欧洲家禽测定站测定：72 周龄产蛋数 280 个，平均蛋重 62.8 克，总蛋重 17.6 千克，每千克蛋耗料 2.49 千克；产蛋期死亡率 4.8%。

4. 迪卡褐　是美国迪卡公司育成的四系配套杂交鸡。父本两系均为褐羽，母本两系均为白羽。商品代雏鸡可用羽色自别雌雄：公雏白羽，母雏褐羽。据该公司的资料，商品代蛋鸡：20 周龄体重 1.65 千克；0～20 周龄育成率 97%～98%；24～25 周龄达 50% 产蛋率；高峰产蛋率达 90%～95%，90% 以上的产蛋率可维持 12 周，78 周龄产蛋数为 285～310 个，蛋重 63.5～64.5 克，总蛋重 18～19.9 千克，每千克蛋耗料 2.58 千克；产蛋期存活率 90%～95%。据欧洲家禽测定站的平均资料：72 周龄产蛋数 273 个，平均蛋重 62.9 克，总蛋重 17.2 千克，每千克蛋耗料 2.56 千克；产蛋期死亡率 5.9%。

5. 海兰褐　是美国海兰国际公司育成的四系配套杂交鸡。父本红褐色，母本白色。商品雏鸡可用羽色自别雌雄：公雏白色，母雏褐色。据海兰国际公司的资料，海兰商品代鸡：0～20 周龄育成率 97%；20 周龄体重 1.54 千克，156 日龄达 50% 产蛋率，29 周龄达产蛋高峰，高峰产蛋率 91%～96%，80 周龄产蛋数 299～318 个，32 周龄平均蛋重 60.4 克，每千克蛋耗料 2.5 千克；20～74 周龄蛋鸡存活率 91%～95%。据某蛋鸡场对海兰褐商品代前期观察资料：0～40 日龄存活率

97%～98.5%,41～126日龄育成率98.5%～98.8%;平均体重1.48～1.49千克;171～175日龄达50%产蛋率。产蛋高峰期维持210～213天,最高产蛋率92.1%～94.2%,90%以上产蛋率维持66～73天,月平均死亡率0.9%。

6. 尼克红蛋鸡　是德国罗曼家禽育种公司所属尼克公司培育的高产蛋鸡品种。抗逆性强,疫病净化好,无惊群、啄肛现象,成活率高,饲料报酬高,蛋壳质量好。成活率:0～18周龄达98%,产蛋期达94%～95%。饲料消耗:18周龄累计7千克,产蛋期每天每只耗料115～118克。产蛋性能:90%以上产蛋持续期5～6个月,76周龄总产蛋数314个,平均蛋重68.8克。80周龄产蛋数(按入舍鸡计)335个。红壳蛋鸡中尼克红的蛋壳最红。

7. 宝万斯褐蛋鸡　宝万斯褐为四元杂交褐壳蛋鸡配套系,A系、B系父母代父本为单冠、红褐色羽、颈羽尾羽白色、产褐壳蛋;C系、D系父母代母本均为单冠、白羽,产褐壳蛋。商品代雏鸡红色单冠,可根据羽色自别公母,褐羽为母雏(有部分雏在背部有深褐色绒羽带),白羽为公雏(有部分雏在背部有浅褐色绒羽带)。成年母鸡为单冠、褐羽,产褐壳蛋。其主要特点是蛋壳颜色均匀,蛋重适中,饲料报酬高。

(1)父母代主要生产性能与生长发育指标

①生长阶段(0～20周龄)　6周龄平均体重公鸡465克、母鸡420克,18周龄体重公鸡1 700克,母鸡1 400～1 450克;20周龄成活率95%～97%,入舍鸡耗料7.8～8.2千克。

②产蛋阶段(21～68周龄)　成活率92%～93%,平均日耗料117～120克,达50%产蛋率日龄145～154天,高峰产蛋率90%～92%;入舍鸡产蛋数250～260个,入舍鸡产种蛋数220～230个,每只入舍鸡可提供母雏数90～95只。

（2）商品代主要生产性能与生长发育指标

①生长阶段（0～20周龄）　6周龄平均体重450克，18周龄体重1 470～1 530克，20周龄体重1 630～1 730克，20周龄成活率96%～98%，入舍鸡耗料7.5～8千克。

②产蛋阶段（21～80周龄）　成活率94%～95%，平均日耗料114～117克，达50%产蛋率日龄138～145天，高峰产蛋率94%～95%，入舍鸡产蛋数330～335个，平均蛋重61.5～62.5克，料蛋比2.2～2.3∶1。

8.宝万斯高兰　为四元杂交褐壳蛋鸡配套系。A系、B系为单冠、褐色羽；C系、D系为单冠、白色羽。父母代父本为红色单冠、褐色羽产褐壳蛋，母本为单冠、白色羽产褐壳蛋。商品代雏鸡单冠、羽色自别：褐羽为母雏（有部分雏在背部有深褐色绒羽带），白羽为公雏（有部分雏在背部有浅褐色绒羽带）。成年母鸡为单冠、褐羽产褐壳蛋。其主要特点是成活率高，蛋壳颜色深，蛋重稍大。

（1）父母代主要生产性能与生长发育指标

①生长阶段（0～20周龄）　6周龄平均体重公鸡465克、母鸡420克，18周龄体重公鸡1 700克、母鸡1 400～1 450克；20周龄成活率95%～97%，入舍鸡耗料7.8～8.2千克。

②产蛋阶段（21～68周龄）　成活率92%～93%，平均日耗料116～120克，达50%产蛋率日龄145～154天，高峰产蛋率90%～93%；入舍鸡产蛋数250～260个，入舍鸡产种蛋数220～230个，入舍鸡提供母雏数90～95只。

（2）商品代主要生产性能与生长发育指标

①生长阶段（0～20周龄）　6周龄平均体重450克，18周龄体重1 450～1 520克，20周龄体重1 620～1 720克，20周龄成活率96%～98%，入舍鸡耗料7.5～7.9千克。

②产蛋阶段(21～80 周龄)　成活率 93％～94％,平均日耗料 114～117 克,达 50％产蛋率日龄 140～147 天,高峰产蛋率 93％～95％,入舍鸡产蛋数 326～335 个,平均蛋重 62.5～63.5 克,料蛋比 2.2～2.3∶1。

9.农大褐 3 号　是由中国农业大学培育的蛋鸡良种,1998 年通过农业部组织的专家鉴定。在育种过程中导入了矮小型基因,因此这种鸡腿短、体格小,体重比普通蛋鸡约小 25％。

商品代鸡 1～120 日龄成活率大于 96％,产蛋期成活率大于 95％,达 50％产蛋率日龄 146～156 天,72 周龄入舍鸡产蛋数 281 个,平均蛋重 53～58 克,总蛋重 15.7～16.4 千克,120 日龄体重 1 250 克,成年体重 1 600 克,育雏育成期耗料 5.7 千克,产蛋期平均日耗料 90 克。蛋壳颜色为褐色。

10.宝万斯尼拉　为四元杂交褐壳蛋鸡配套系。A 系、B 系为单冠、红褐色羽,C 系、D 系为单冠、芦花色羽。父母代父本为单冠、红褐色羽产褐壳蛋,母本为单冠、芦花色羽产褐壳蛋。商品代雏鸡单冠、羽色自别:母雏羽毛为灰褐色,公雏为黑色;成年母鸡为单冠、红褐色羽产褐壳蛋,公鸡为芦花色羽毛。商品代主要生产性能与生长发育指标如下。

(1)生长阶段(0～17 周)　成活率 98％,17 周体重 1 525 克,入舍鸡耗料 6.6 千克。

(2)产蛋阶段(18～76 周)　存活率 95％,开产日龄 143 天,高峰产蛋率 94％,平均蛋重 61.5 克,入舍鸡产蛋数 316 个,平均日耗料 114 克。

11.巴布考克 B-380　为法国伊萨公司培育的四系配套种鸡。具有以下特征:①优越的产蛋性能表现,78 周龄产蛋数 337 个;②中等体型,初产蛋体重 1.65 千克,成年体重

2.05 千克左右,符合目前国际公认的蛋鸡育种方向,其最大的特点是在生产阶段生理维持所需消耗的能量较少,有效节约饲料投入;③具有较强的抗逆性,适应能力强,容易饲养;④ 蛋壳颜色均匀,产蛋前、后期蛋重表现较为一致;⑤平均蛋重 62.8 克,可满足各消费层对蛋重和蛋品质的需求;⑥ 35%～45%的鸡只身上附有黑色羽毛,是褐壳蛋鸡中惟一具有黑羽特征的品种,可以直接预防其他品种的假冒销售。

商品代蛋鸡 72 周龄产蛋数 270 个,平均蛋重 64 克,日采食量 120 克,料蛋比 2.09：1,死亡率 11%。

12. 伊萨新红褐　为法国伊萨公司培育的四系配套种鸡,它适应性强,成活率高（18 周龄成活率 98%,产蛋末期成活率 94%～96%）,尤其适应在无法提供理想的生产管理条件的发展中国家（如我国广大农村）推广。伊萨新红褐有如下特点：适应性广,抗病力强,成活率高;耐粗饲,易饲养;产蛋率高,产蛋高峰持续期长,产蛋数多,蛋个大,总蛋重高等,是适合我国国情的优秀褐壳蛋鸡鸡种。除此之外,该鸡种还有一个突出的特点是双自别雌雄。父母代 1 日龄雏鸡羽速自别雌雄,商品代 1 日龄雏鸡羽色自别雌雄。

(三) 粉壳蛋鸡

粉壳蛋鸡是由洛岛红品种与白来航品种间正交或反交所产生的杂种鸡,其蛋壳颜色介于褐壳蛋与白壳蛋之间,呈灰色,国内群众都称其为粉壳蛋（或驳壳蛋）,也就约定俗成了。成年母鸡羽色大多以白色为背景有黄、黑、灰等杂色羽斑,与褐壳蛋鸡又不相同。因此,就将其分成粉壳蛋鸡一类。

1. 尼克珊瑚粉（尼克 T）蛋鸡　是德国罗曼家禽育种公司所属尼克公司最新培育的粉鸡配套系,其优点是性情温驯,容易管理,商品代母鸡白色羽毛、粉色蛋壳。产蛋率高,耗料少。成活率:0~18周龄达97%~99%,产蛋期达93%~96%。饲料消耗:18周龄累计5.9~6.2千克,产蛋期每天每只105~115克。高峰产蛋率90%以上,产蛋持续期6~7个月,76周龄产蛋数329个,平均蛋重64~65克,是粉壳蛋鸡中的优良品种。

2. 罗曼粉蛋鸡 是德国罗曼公司育成的四系配套、产粉壳蛋的高产蛋鸡。父母代1~18周龄的成活率为96%~98%,开产日龄147~154天,高峰产蛋率89%~92%,72周龄入舍鸡产蛋数266~276个,合格种蛋238~250个,可提供母雏95只。

商品代鸡20周龄体重1 400~1 500克,1~20周龄消耗饲料7.3~7.8千克,成活率97%。开产日龄140~150天,高峰产蛋率92%~95%,72周龄入舍鸡产蛋数300~310个,蛋重63~64克。21~72周龄平均每只每天耗料110~118克。

3. 宝万斯粉 为四元杂交粉壳蛋鸡配套系,A系、B系为红色单冠、褐色羽,C系、D系为红色单冠、白色羽。父母代父本为单冠、褐色快羽,母本为单冠、白色慢羽。商品代雏鸡单冠羽速自别,快羽为母雏,慢羽为公雏。

(1)父母代主要生产性能与生长发育指标

①生长阶段(0~20周龄) 6周龄平均体重公鸡465克、母鸡420克,18周龄体重公鸡1 700克、母鸡1 400~1 450克;20周龄成活率95%~96%,入舍鸡耗料7.1~7.6千克。

②产蛋阶段(21~68周龄) 成活率93%~94%,平均日耗料112~117克,达50%产蛋率日龄140~150天,高峰产蛋率91%~93%;入舍鸡产蛋数255~265个,产种蛋数

225～235 个,可提供母雏数 90～95 只。

(2)商品代主要生产性能与生长发育指标

①生长阶段(0～20 周龄)　6 周龄平均体重 450 克,18 周龄体重 1 290～1 340 克,20 周龄体重 1 400～1 500 克,20 周龄成活率 96%～98%,入舍鸡耗料 6.8～7.5 千克。

②产蛋阶段(21～80 周龄)　成活率 93%～95%,平均日耗料 107～113 克,达 50%产蛋率日龄 140～147 天,高峰产蛋率 93%～96%,入舍鸡产蛋数 324～336 个,平均蛋重 61.5～62.5 克,料蛋比 2.15～2.25∶1。

4. 京白 939　京白 939 为四元杂交粉壳蛋鸡配套系。祖代 A 系、B 系,父母代 AB 系公、母鸡为褐色快羽,具有典型的单冠洛岛红鸡的体型外貌特征;C 系、CD 系母鸡为白色慢羽,D 系、CD 系公鸡为白色快羽,具有典型的单冠白来航鸡的体型外貌特征。商品代(ABCD)雏鸡为红色单冠、花羽(乳黄、褐色相杂,两色斑块、斑形呈不规则分布),羽速自别,快羽为母雏,慢羽为公雏。成年母鸡为白、褐色不规则相间的花鸡,有少部分纯白和纯褐色羽。体重、体型、外貌特征接近红色单冠洛岛红和红色单冠白来航鸡之间。其主要特点:适应性强,成活率高,产蛋性能好,耗料少,蛋壳颜色一致性好。

(1)父母代鸡主要生产性能与生长发育指标

①生长阶段(0～20 周龄)　6 周龄平均体重公鸡 440 克、母鸡 400 克;18 周龄体重公鸡 1 950 克、母鸡 1 250～1 280 克;20 周龄成活率 96%～97%,入舍鸡耗料 7～7.8 千克。

②产蛋阶段(21～68 周龄)　成活率 92%～93%,平均日耗料 113～115 克,达 50%产蛋率日龄 150～155 天,高峰产蛋率 91%～93%;入舍鸡产蛋数 255～265 个,产种蛋数 225～235 个,可提供母雏数 93 只。

（2）商品代主要生产性能与生长发育指标

①生长阶段（0～20周龄）　6周龄平均体重450克，18周龄体重1 300～1 400克，20周龄体重1 400～1 500克，20周龄成活率96%～98%，入舍鸡耗料7.4～7.6千克。

②产蛋阶段（21～72周龄）　成活率93%～95%，平均日耗料105～115克，达50%产蛋率日龄150～155天，高峰产蛋率92%～94%，入舍鸡产蛋数300～306个，平均蛋重60.5～63克，料蛋比2.25～2.3∶1。

5. 农大3号　是由中国农业大学培育的蛋鸡良种，1998年通过农业部组织的专家鉴定。在育种过程中导入了矮小型基因，因此这种鸡腿短、体格小，体重比普通蛋鸡约小25%。

商品代鸡1～120日龄成活率大于96%，产蛋期成活率大于95%，达50%产蛋率日龄145～155天，72周龄入舍鸡产蛋数282个，平均蛋重53～58克，总蛋重15.6～16.7千克。120日龄体重1 200克，成年体重1 550克。育雏育成期耗料5.5千克，产蛋期平均日耗料89克。蛋壳颜色为粉色。

6. 华都京粉粉壳蛋鸡

（1）华都京粉D98父母代生产性能　0～20周龄成活率95～96%，18周龄体重1 200～1 250克，20周龄体重1 350～1 400克，入舍鸡耗料7.1～7.6千克。产蛋期（21～68周）成活率93～94%，达50%产蛋率日龄140～150天，高峰产蛋率91%～93%，入舍鸡产蛋数255～265个，产种蛋数225～235个，平均孵化率82%～85%，入舍鸡提供母雏数90～95只，平均日耗料112～117克，产蛋期末母鸡体重1 700～1 800克。

（2）华都京粉D98商品代生产性能　0～20周龄成活率96%～98%，18周龄体重1 290～1 340克，20周龄体重1 400～1 500克，入舍鸡耗料6.8～7.5千克。产蛋期（21～

68周龄)成活率93%～95%,达50%产蛋率日龄140～147天,高峰产蛋率93%～96%,入舍鸡产蛋数324～336个,平均蛋重61.5～62.5克,日采食量107～113克,料蛋比2.15～2.25：1,产蛋期末母鸡体重1 850～2 000克。

7. 海兰灰鸡 为美国海兰国际公司育成的粉壳蛋鸡商业配套系鸡种。海兰灰的父本与海兰褐鸡父本为同一父本,母本为白来航,单冠,耳叶白色,全身羽毛白色,皮肤、喙和胫的颜色均为黄色,体型轻小清秀。海兰灰的商品代初生雏鸡全身绒毛为鹅黄色,有小黑点呈点状分布全身,可以通过羽速鉴别雌雄,成年鸡背部羽毛呈灰浅红色,翅间、腿部和尾部呈白色,皮肤、喙和胫的颜色均为黄色,体型轻小清秀。

(1)父母代生产性能 母鸡成活率,1～18周龄95%,18～65周龄96%,50%产蛋率日龄145天,18～65周龄入舍鸡产蛋数252个,产种蛋数219个,可提供母雏数96只。母鸡体重(限饲)18周龄1 390克,60周龄1 840克。

(2)商品代生产性能 生长期(至18周龄)成活率98%,饲料消耗5 660克,18周龄体重1 420克。产蛋期(至72周龄)日耗料110克,50%产蛋率日龄151天,32周龄蛋重60.1克,至72周龄饲养日产蛋总重19.1千克,料蛋比2.16：1。

二、我国地方良种鸡

由于我国自然环境条件的多样性,使我国鸡的品种资源十分丰富。但是,从生产性能上来划分,我国地方鸡种的大多数均为兼用型品种,真正被列为蛋用型的品种并不多。在我国长期的养鸡实践中,都是养鸡为产蛋,淘汰母鸡供食用。所以,在品种分类中,大多数都是属于蛋、肉兼用型的品种,其主要性状也均与产蛋有关。在当前土鸡蛋受到城市消费者青睐,价格长期居高、效益良好的情况下,利用我国地方良种鸡进行散放饲养,提供具有特色的土鸡蛋,将会在今后一段时期内成为蛋鸡生产的一个重要途径。

(一)地方良种鸡

1. 仙居鸡　仙居鸡又被称为梅林鸡。原产于浙江省东南部的丘陵山地中,以仙居县及其邻近的几个县为主。据记载,该鸡种已有300多年的历史。是我国优良的小型蛋用鸡种。仙居鸡分黄、花、白等毛色,目前育种场的培育目标,主要是对黄色鸡种的选育。该品种体型结构紧凑,尾羽高翘,单冠直立,喙短,少数个体胫部有小羽。

仙居鸡历来饲养粗放,主要靠放牧在野外自由觅食,因此体格健壮,适应性强。该鸡羽色较杂,但以黄色为主,颈羽色较深,黑尾,翼羽半黄半黑。其生产性能:开产日龄150~180天,一般饲养条件下年产蛋160~180个,高产的达200个以上,平均蛋重42克左右。就巢母鸡一般占鸡群10%~20%,成年母鸡体重1.25千克,蛋壳以浅褐色为主。

2. 白耳黄鸡　白耳黄鸡又称银耳黄鸡。主产区为江西省的广丰县、上饶县和玉山县,以及浙江省的江山市。该地区为丘陵山区,具有良好的自然条件和丰富的饲料资源,养鸡业有着悠久的历史。白耳黄鸡以"三黄一白"的外貌特征为标准,即黄羽、黄喙、黄脚,白耳。耳叶大,呈银白色,似白桃花瓣。虹彩(虹膜)金黄色,喙略弯,呈黄色或灰黄色,全身羽毛呈黄色,单冠直立,公、母鸡的皮肤和胫部呈黄色,无胫羽。初生重平均为37克,开产日龄平均为150天,年产蛋180个,蛋重为54克,蛋壳深褐色。

3. 狼山鸡 该鸡原产于江苏省如东县境内,以马塘、岔河一带为中心,遍及掘港、栟茶、丰利及双甸等地。该鸡从南通港出口,因港口附近有一游览胜地——狼山而得名。该鸡种在 1872 年首先传入英国,继而又传入其他国家。以其独特的特征和优良的性能,博得各国好评,被列为国际标准品种。

狼山鸡体格健壮,头昂尾翘,具有典型的"U"字形体型特征。按羽色可分黑、白、黄 3 种。狼山黑鸡单冠直立,有 5～6 个冠齿。耳垂和肉髯均为鲜红色。虹彩为黄色,间混有黄褐色。喙黑褐色,尖端颜色较淡。全身毛黑色,紧贴身上,并有绿色光泽。胫、趾部均呈黑色,皮肤为白色。初生雏头部黑白毛,俗称大花脸,背部为黑色绒羽,腹、翼尖部及下腭等处绒羽为淡黄色,是狼山黑鸡有别于其他黑色鸡种之处。白色狼山鸡雏鸡羽毛为灰白色,成鸡羽毛洁白。黄羽狼山鸡以嘴、脚、羽毛三黄为主要特征,大小适中,肉味鲜美,俗称如东草三黄。该鸡 500 日龄成年体重公鸡为 2 840 克,母鸡为 2 283 克。年产蛋 135～175 个,最高达 252 个,平均蛋重 58.7 克。

4. 固始鸡 固始鸡是以河南省固始县为中心的一定区域内,在特定的地理、气候等环境和传统的饲养管理方式下,长期闭锁繁衍而形成的具有突出特点的优秀鸡群,是一个优良地方品种,已录入我国的畜禽品种志,全县年饲养量在 900 万只以上。固始鸡有以下突出的优良性状:①耐粗饲,抗病力强,适宜野外放牧散养;②肉质细嫩,肉味鲜美,汤汁醇厚,营养丰富,具有较强的滋补功效;③母鸡产蛋量 141 个,平均蛋重 51.4 克,蛋清较稠,蛋黄色深,蛋壳厚,耐贮运。活鸡及鲜蛋在明、清时期为宫廷贡品,20 世纪 50 年代开始销往香港、澳门。

固始鸡属中等体型,体躯呈三角形,外观秀丽,体态均匀,羽毛丰满。多为单冠,冠直立,6 个冠齿,冠后分叉,冠和肉髯呈青黄色。跖趾呈青色,无毛。尾形分佛手状尾和扇形尾,以佛手状尾为主,羽尾卷曲飘摆。性情活泼、敏捷善飞,富神经质,不温驯。公鸡毛色多呈金红色,母鸡呈金黄色和麻黄色,故固始鸡又常被称为"固始黄"。

固始鸡的性成熟期较晚,平均开产日龄为 209 天,开产平均蛋重 41.2 克,母鸡开产时体重平均为 1 299.7 克,年平均产蛋量 141.2 个,休产期 50 天左右。

5. 鹿 苑 鸡

(1)产地与分布　鹿苑鸡产于江苏省张家港市鹿苑镇。以鹿苑、塘桥、妙桥和乘航等乡为中心产区,属肉用型品种。该地是鱼米之乡,主产区饲养量达 15 万余只。常熟等地制作的"叫化鸡"以它做原料,保持了香酥、鲜嫩等特点。

(2)体型外貌　鹿苑鸡身躯结实、胸部较深、背部平直,全身羽毛黄色、紧贴身体,主翼羽、尾羽和项羽有黑色斑纹。公鸡羽毛色彩较浓,梳羽、蓑羽和小镰羽呈金黄色,大镰羽呈黑色并富光泽,胫、趾为黄色。成年公鸡体重 3.1 千克,母鸡 2.4 千克。

(3)产蛋与繁殖性能　母鸡开产日龄 180 天,开产体重 2 000 克,年产蛋平均 144.72 个,蛋重 55 克。公、母鸡性别比例为 1∶15,种蛋受精率 94.3%,受精蛋孵化率 87.23%。

(4)生长与产肉性能　1980 年观测 90 日龄公、母鸡活重分别为 1 475.2 克和 1 201.7 克。半净膛屠宰率 3 月龄公、母鸡分别为 84.94% 和 82.6%。屠体美观,皮肤黄色,皮下脂肪丰富,肉味浓郁。

(二)绿壳蛋鸡

绿壳蛋鸡是我国禽业专家以土种鸡为基础进行系统选育

的鸡种。其生产的绿壳鸡蛋富含硒、锌、卵磷脂、维生素 A、维生素 E,而胆固醇含量低,是极为理想的保健食品。该品种蛋鸡体型小、耗料少、易饲养。在普通鸡蛋供大于求,价格长期处于低迷状态下,绿壳蛋鸡的问世,适应了产品品质的升级和人民生活水平提高的要求,这一极具市场竞争力的新优产品,值得广大养殖户的关注,是当前养殖结构调整中的强项。

1. 东乡黑羽绿壳蛋鸡 由江西省东乡县农科所和江西省农科院畜牧所培育而成。体型较小,产蛋性能较高,适应性强,羽毛全黑,乌皮、乌骨、乌肉、乌内脏,喙、趾均为黑色。母鸡羽毛紧凑,单冠直立,冠齿 5～6 个,眼大有神,大部分耳叶呈浅绿色,肉垂深而薄,羽毛片状,胫细而短,成年体重 1.1～1.4 千克。公鸡雄健,鸣叫有力,单冠直立,暗紫色,冠齿 7～8 个,耳叶紫红色,颈羽、尾羽泛绿光且上翘,体重 1.4～1.6 千克,体型呈"V"字形。大群饲养的商品代,绿壳蛋比率为 80%左右。该品种经过 5 年 4 个世代的选育,体型外貌一致,纯度较高。50%产蛋率日龄 152 天,500 日龄产蛋数约 152 个,平均蛋重 50 克。其父系公鸡常用来与蛋用型母鸡杂交生产出高产的绿壳蛋鸡商品代母鸡,我国多数场家培育的绿壳蛋鸡品系中均含有该鸡的血缘。但该品种就巢性较强(15%左右),因而产蛋率较低。

2. 三凤绿壳蛋鸡 由中国农业科学院家禽研究所(原江苏省家禽研究所)选育而成。有黄羽、黑羽两个品系,其血缘均来自于我国的地方品种,单冠、黄喙、黄腿、耳叶红色。开产日龄 155～160 天,开产体重母鸡 1.25 千克,公鸡 1.5 千克;成年公鸡体重 1.85～1.9 千克,母鸡 1.5～1.6 千克。300 日龄平均蛋重 45 克,500 日龄产蛋数 180～185 个,父母代鸡群绿壳蛋比率 97%左右;大群商品代鸡群中绿壳蛋比率 93%～

95％。

3. 三益绿壳蛋鸡　由武汉市东湖区三益家禽育种有限公司杂交培育而成,其最新的配套组合为东乡黑羽绿壳蛋鸡公鸡做父本,国外引进的粉壳蛋鸡做母本,进行配套杂交。商品代鸡群中麻羽、黄羽、黑羽基本上各占 1/3,可利用快慢羽鉴别法进行雌、雄鉴别。母鸡单冠、耳叶红色、青腿、青喙、黄皮;开产日龄 150～155 天,开产体重 1.25 千克,300 日龄平均蛋重 50～52 克,500 日龄产蛋数 210 个,绿壳蛋比率 85％～90％,成年母鸡体重 1.5 千克。

4. 新杨绿壳蛋鸡　由上海新杨家禽育种中心培育。父系来自于我国经过高度选育的地方品种,母系来自于国外引进的高产白壳或粉壳蛋鸡,经配合力测定后杂交培育而成,以重点突出产蛋性能为主要育种目标。商品代母鸡的羽毛白色,但多数鸡身上带有黑斑。单冠,冠、耳叶多数为红色,少数黑色。60％左右的母鸡青脚、青喙,其余为黄脚、黄喙。开产日龄 140 天(产蛋率 5％),产蛋率达 50％的日龄为 162 天;开产体重 1～1.1 千克,500 日龄入舍鸡产蛋数达 230 个,平均蛋重 50 克,蛋壳颜色基本一致,大群饲养鸡群绿壳蛋比率70％～75％。

5. 昌系绿壳蛋鸡　原产于江西省南昌县。该鸡种体型矮小,羽毛紧凑。未经选育的鸡群毛色杂乱,大致可分为白羽型、黑羽型(全身羽毛除颈部有红色羽圈外,均为黑色)、麻羽型(麻色有大麻和小麻)和黄羽型(同时具有黄肤、黄脚)4 种类型。头细小,单冠红色;喙短稍弯,呈黄色。体重较小,成年公鸡体重 1.3～1.45 千克,成年母鸡体重 1.05～1.45 千克,部分鸡有胫毛。开产日龄较晚,大群饲养平均为 182 天,开产体重 1.25 千克,开产平均蛋重 38.8 克,500 日龄产蛋数 89.4

个,平均蛋重 51.3 克,就巢率 10%左右。

6. 卢氏绿壳蛋鸡 属小型蛋肉兼用型鸡,是从卢氏鸡中经过系统选育而育成的优良种群。体型结实紧凑,后躯发育良好,羽毛紧贴,体态匀称秀丽,头小而清秀,眼大而圆,颈细长,背平直,翅紧贴,尾翘起,腿较长,性情活泼,反应灵敏,善飞。母鸡毛色以麻黄、红黄、黑麻为主,有少量纯白和纯黑,纯黄极为少见。公鸡以红黑羽色为主。冠形以单冠为多,占81.5%,喙、胫以青色为主。卢氏绿壳蛋鸡年产蛋 180 个左右,平均蛋重 50.67 克,蛋形为椭圆形,蛋壳颜色青绿色,最早开产日龄 120 天左右,母鸡开产体重 1.17 千克,开产蛋重 44克,公鸡开啼日龄 56 天,体重 0.66 千克。

三、选择鸡种的原则

(一)如何选养蛋鸡的品种

1. 根据生产需要选择合适品种 在引入良种之前,要进行项目论证,明确生产方向,全面了解拟引进品种的生产性能,以确保引入良种与生产方向(品种场、育种场、原种场、商品生产场)一致。如有的地区引进纯系原种,其主要目的是为了改良地方品种,培育新品种、品系或利用杂交优势进行商品蛋鸡生产;而有的鸡场直接引进育种公司的配套商品系生产蛋产品;也有的厂家引进祖代或父母代种鸡繁殖制种。总之,花了大量的财力、物力引入的良种要物尽其用。

2. 选择市场需求的品种 根据市场调研结果,确定能满足市场需要的品种引入。蛋鸡的主产品是鸡蛋。我国南方地区如四川、江苏、浙江、福建、湖南、广东和香港、澳门、台湾绝大多数消费者对褐壳蛋、粉壳蛋和绿壳蛋比较青睐,这些鸡蛋的销售价格比白壳蛋高而且容易销售。因此,在这些地方饲养蛋鸡,就要饲养褐壳蛋鸡、粉壳蛋鸡或绿壳蛋鸡。在黄河流域以北各地消费者对蛋壳的颜色不过分挑剔,尤其是褐壳蛋、粉壳蛋和白壳蛋的价格和销路没有明显差别。

在一些大中型城市的消费者对土鸡蛋情有独钟,土鸡蛋的价格比笼养鸡蛋高很多,而且常常作为礼品赠送亲友。这也为一些蛋鸡养殖场(户)开拓了一个新的养殖领域。

(二)引种注意事项

1. 了解供种单位的技术背景,要到知名的大型育种公司引种　养殖企业在引种之前,必须全面了解供种单位的技术背景,重点是了解其是否具备育种与制种能力。一般来说,除中介机构外,供种单位应具备较为完善的包括育种场、祖代场和父母代场在内的良种繁育体系,并拥有上级畜牧兽医主管单位验收颁发的《种禽场验收合格证》和《种畜禽生产许可证》。大型公司技术力量雄厚,质量可靠,信誉好,售后服务体系完善。一般能够获得较翔实的被引品种的资料,如系谱资料、生产性能鉴定结果、饲养管理条件等。一旦出现质量或技术问题,可以得到及时解决。

2. 所引品种要能适应本地的自然环境条件　有些品种对高温气候有良好的耐受能力,而有的品种对饲养管理条件的要求相当严格。这就需要考虑自身的饲养管理条件和当地的自然气候条件,决定选养什么样的品种。

3. 注意公、母鸡比例适当　不同蛋鸡品种采用自然交配或人工授精的公母比例不一样,所以应根据实际生产需要确定公、母鸡的数量搭配。

4. 引种时要加强检疫工作,应将检疫结果作为引种的决定条件 不要到疫区引种,以免引起传染病的流行和蔓延。对新引进的雏鸡,要加强卫生检疫。雏鸡应精神活泼,叫声响亮,行动灵活,羽毛干净、整洁,两眼有神。反之,精神委顿、羽毛松乱、两眼无光等则不能引入。种蛋也要进行检查,表面光滑、无黏附物、无异味、蛋形正常、个体均匀度高等可购进;如蛋壳发白、斑点较多等则暂停购买。引入的种鸡以及种蛋入孵出壳后的雏鸡,不可立即进入饲养区,以预防传染性疾病的发生。一般情况下,应隔离饲养 10～14 天,通过观察如确无疾病后,才能进入饲养区转入正常饲养。

5. 了解供种单位的品种结构、种质性能与服务水平 父母代种鸡生产性能的优劣,直接关系到养殖企业的饲养效益。为此,了解供种单位的品种结构与种质性能,是引种的基本出发点。养殖企业只有饲养优质、高产、稳定、节粮的鸡种,才能取得良好的经济效益。商品代蛋鸡的生产性能指标包括开产日龄与体重、产蛋量、蛋重、耗料量等。养殖企业要掌握上述生产性能指标,一方面可以通过报刊、杂志等媒体获得相关信息;另一方面则通过市场调查,去伪存真,了解当地具有市场影响的品种性能。

对于供种单位的服务水平,也应作必要的了解,其中包括售前、售中与售后服务。服务体系的良好与否,代表供种单位的综合水平与声誉。在当前市场竞争白热化之际,当几个供种单位的品种与市场价位基本接近时,凡服务态度好、服务质量高、品种质量市场认可的供种单位,理应作为引种的首选单位。

第三章　蛋鸡场建筑与生产设施

一、蛋鸡场址的选择标准

(一)蛋鸡场址的选择要求

场址的选择关系到鸡场的卫生防疫、环境控制、生产安全、产品质量和日常管理工作。对于无公害畜禽产品生产来说,我国出台有《农产品安全质量—无公害畜禽肉产地环境要求》,其中在选址与设施方面的要求如下。

第一,畜禽养殖地、屠宰和畜禽类产品加工厂必须选择在生态环境良好、无或不直接受工业"三废"及农业、城镇生活、医疗废弃物污染的生产区域。选地应避开水源防护区、风景名胜区、人口密集区等环境敏感地区,符合环境保护、兽医防疫要求,场区布局合理,生产区和生活区严格分开。

第二,养殖区周围 500 米范围内、水源上游没有对产地环境构成威胁的污染源,包括工业"三废"、农业废弃物、医院污水及废弃物、城市垃圾和生活污水等污物。

第三,与水源有关的地方病高发区,不能作为无公害畜禽肉类产品生产、加工地。

第四,养殖地应设置粪尿污水处理设施,畜禽粪便、畜禽病害肉尸和废水应做无害化处理并符合国家有关规定要求。

第五,饲养场地应设有与生产相应的消毒设施、更衣室、兽医室等,并配备工作所需的仪器设备。

(二)鸡场自然条件

1. 地势地形 地势是指场地的高低起伏状况；地形是指场地的形状范围以及地物、山岭、河流、道路、草地、树木、居民点等的相对平面位置状况。

养鸡场的场地应选在地势较高、干燥平坦、排水良好和向阳背风的地方。在平原地区一般场地比较平坦、开阔，场址应选择在地势稍高的地方，以利于排水。地下水位以低于建筑物地基深度1米以下为宜。在靠近河流、湖泊的地区，场地要选择在较高的岗地，场地应比当地水文资料中最高水位高2米以上，以防涨水时被淹没。山区建场应选在向阳的稍平缓坡的坡上，鸡场总坡度不超过25%，建筑区坡度应在2%以内，同时还要注意地质构造情况，注意避开断层、滑坡、塌方的地段；也要避开坡地和谷地以及风口，以免受山洪和暴风雪的袭击。

2. 水源和水质 首先要了解水源的情况，如地面水（河流、湖泊）的流量，汛期水位、地下水的初见水位和最高水位，含水层的层次、厚度和流向。对水质情况需了解酸碱度、硬度、透明度、有无污染源和有害化学物质等，有条件则应提取水样做水质的物理、化学和生物污染等方面的化验分析。不适宜在地下水质量差的地方建场。《农产品安全质量—无公害畜禽肉产地环境要求》中对畜禽饮水质量提出了明确的质量标准（表3-1）。

表 3-1 畜禽饮用水质量标准

项　目	指　标	项　目	指　标
砷，毫克/升	≤0.2	氟化物，毫克/升	≤1.0
汞，毫克/升	≤0.001	氯化物，毫克/升	≤250

项 目	指 标	项 目	指 标
铅,毫克/升	≤0.1	六六六,毫克/升	≤0.001
铜,毫克/升	≤1.0	滴滴涕,毫克/升	≤0.005
铬(六价),毫克/升	≤0.05	总大肠菌群,个/升	≤10
镉,毫克/升	≤0.01	pH 值	6.4～8
氰化物,毫克/升	≤0.05		

3. 气候因素

主要了解常年气象变化,包括平均气温,绝对最高、最低气温,土壤冻结深度,降水量与积雪深度,最大风力,常年主导风向,日照情况等。通常蛋鸡场不能选择在山口处或朝向冬季主风向的山沟内,这里在冬季的风力很大,供水系统容易冻坏,鸡舍内温度难以维持。通风不良的小盆地中间也不适宜于建场。

(三)社会因素

1. 三通条件 指供水、电力、交通 3 个方面的情况。

(1)供水情况 蛋鸡养殖场每天需要消耗大量的水(包括鸡群饮用、人员使用、冲洗消毒、树木浇灌等),绝大多数蛋鸡场都是自己备有水井供水。供水量应该按照每只鸡每天 4～5 升的用量设计。水井一般建设在生活区内,也可以建在生产区内靠近生活区的部分。绝对不能离污水池和贮粪场太近,以避免井水被污染。

(2)供电情况 蛋鸡场应该有充足而稳定的电力供应。蛋鸡生产过程中许多环节需要消耗电力,如照明、通风、饲料加工、抽水、某些加热设备、自动喷雾设备等。如果有孵化厂的种鸡场则对电力的需要量更大、依赖性更强。可以说,在现代蛋鸡生产中离开电力供应是难以维持生产的,即便是电力供应不稳定也可能影响生产过程。对于规模化蛋鸡场有必要自备发电机以解决临时停电时的急需。

(3)交通情况　蛋鸡场应该有比较好的交通条件。因为生产过程中饲料的供应、鸡蛋的外运、业务人员的来往、设备运送和粪便清理都需要车辆运行。路况差不便于人员和车辆通行,不利于生产的正常开展。但是,蛋鸡场不能离主干公路太近,因为主干公路上人员、车辆来往频繁,不仅噪声大,而且空气易污染,很容易传播疫病。一般要求鸡场距主干公路有300米以上的距离。

2.环境疫情　拟建场区的环境及附近的兽医防治条件的好坏是影响鸡场成败的关键因素之一,特别注意不能在旧养殖场上建场或扩建。对附近的历史疫情也要做周密的调查研究,特别警惕附近的兽医站、畜牧场、集贸市场、屠宰场与拟建场地的距离、方位,有无自然隔离条件等,以对本场防疫工作有利为原则。

3.地方治安情况　鸡场在选址时必须考虑所在地的社会治安情况,要求该地治安情况良好。如果附近经常有人为骚扰,会严重影响鸡场的生产安全和秩序。

(四)鸡场场址的确定

建鸡场是为城镇消费者服务的,因此既要考虑服务方便,又要注意城镇居民环境保护及鸡场内鸡群的防疫工作,鸡场位置的确定需要注意下面几点。

1.离城市的距离　蛋鸡场宜建在城镇郊区,因为它的主要任务是为城镇居民提供新鲜食品蛋,而鲜蛋不便于长途运输,故鸡场离城镇不宜过远,一般以不超过 20 千米为宜。

2. 应注意的几个环节

(1)有利于鸡场环境控制 鸡场应远离铁路、交通要道、车辆来往频繁的地方 300 米以上,距次级公路 100～200 米。为了给鸡群营造一个比较僻静的环境,也应注意不要使鸡场处于中、小学校的附近和大多数学生必经之路。

(2)有利于居民环境保护 鸡场应远离居民点 500 米以上,以免鸡场气味污染环境和居民区。如有困难,应从植树、挖沟等方面建立防护设施加以解决。

(3)防止工业公害污染 鸡场应远离城市和工矿企业的三废"废水、废气、废弃物"的污染,两者之间必须有一定的间隔,蛋鸡场宜设置在城市的远郊。

(4)节约占用农田 鸡场场地面积的拟定应本着节约用地、少占农田、不占良田的原则,尽量利用山区岗地、河滩荒地等无农耕价值的地段建场。

(5)注意自然隔离 蛋鸡场场址周围最好有大片的农田或树林。因为生长期间的农作物和树木能够吸附大量的粉尘、有害气体和噪声,能够有效阻断周边疫情的扩散或疫情向周边扩散。

二、场区规划及场内布局

(一)场区的规划

应综合考虑场内地形、水源、交通、主导风向、流水方向等自然条件,以有利于管理和防疫。场区设置生活区、行政管理区和生产区,三区严格分开。生活区、生产区在全场的上风处和地势最高地段,同时兼顾生活区及与外界联系的便利。生产区在防疫卫生最安全地段。病死鸡和污物处理区设在下风处和地势最低的地段。

(二)场内布局

第一,生产区与生活和行政区之间设置严格的隔离设施,包括隔离栏、车辆消毒池、人员更衣室及消毒房等。生活区与行政管理区之间设 10 米宽的绿色隔离带。

第二,生产区内净道、污道分开。两道分别设置在鸡舍的两端。

第三,鸡舍坐北朝南,鸡舍之间的距离不少于 20 米;鸡舍末端与围墙之间不少于 5 米。

第四,死淘鸡焚烧炉设在生产区脏道一侧,贮料罐建在净道一侧。

第五,办公室、库房、洗衣房、蛋库、锅炉房、配电室、水塔等设在行政管理区内,宿舍、餐厅设在生活区。

第六,鸡场大门设在靠近行政管理区办公室最近处。附建门卫和消毒房、消毒池。

三、鸡舍建筑设计

(一)鸡舍长宽高的设计

1. 鸡舍宽度设计 鸡舍宽度主要取决于鸡笼的宽度和鸡笼在鸡舍内的排列方式。产蛋鸡舍如果按 2 列 3 走道排列方式,每列鸡笼的宽度为 2.2 米,每条走道宽度约 0.8 米,这样鸡舍内部的净宽度应该为 6.8 米;如果采用 3 列 2 走道(两侧靠墙为半架鸡笼,中间为全架鸡笼),则鸡舍内部的净宽度应该为6米。

鸡舍的宽度还受建筑结构的影响,屋顶为木质结构时宽度不宜超过7米,否则需要的材料规格太大,成本高。

2. 鸡舍长度设计 鸡舍长度主要受场地的限制,也受通风方式和鸡笼数量的影响。目前,蛋鸡舍的长度短的有20米左右,长的有70米或更长。一般房子的开间长度为3米或3.3米,鸡舍的总长度是开间长度的数倍。

采用纵向通风方式,鸡舍的长度以45~70米为宜。舍内每列鸡笼的数量确定要考虑鸡笼两端留的通道宽度,靠前端宽度在1.5~2米,末端宽度在1.5米左右。通常产蛋鸡笼的长度为1.95米。如一个长度51米(17间房)的产蛋鸡舍,舍内的净长度为50.5米,每列放置24组鸡笼(长度为46.8米),靠前端走道宽度留2.2米,末端走道宽1.5米。

农村如果饲养蛋鸡的规模小,也可以建较短的鸡舍。

3. 鸡舍高度的设计 鸡舍高度受舍内设备高度、通风方式和屋顶结构的影响。采用"A"字形屋顶时,笼具设备的顶部与横梁之间的距离为0.7米左右,采用平顶结构则应有1米以上距离。采用自然通风时鸡舍高度应较大,采用纵向负压机械通风则鸡舍高度可稍低。以产蛋鸡舍为例,采用"A"字形屋顶,鸡舍内地面比舍外高0.4米,产蛋鸡笼高度1.65米,横梁距舍内地面高度2.35米,距舍外地面高度2.75米。但是,当采用平屋顶时,梁下距舍内地面高度不低于2.6米。

(二)建筑材料的选择

墙体的建筑材料多数使用机制砖或空心砖;屋顶材料多为机制瓦或双层石棉瓦,也有用预制板等材料的。目前有的鸡舍墙体和屋顶均采用彩钢板,其成本略高,但保温隔热性能、耐用性都很好。

(三)鸡舍的间距与道路

对于集约化养殖的蛋鸡场,在一个场区内有多栋鸡舍,为了减少相互之间的污染,方便生产管理,需要合理布局。

1. 鸡舍之间距离　合理的鸡舍间距能够符合卫生防疫、防火、通风采光需要。一般同类型鸡舍之间的距离不少于 20 米,不同类型鸡舍一般不建在一个场内,如果有不同类型的鸡舍则间距不少于 30 米。生产中常见的问题是间距过小,这样容易造成一栋鸡舍内的污浊空气会进入另一栋鸡舍而引起疾病的传播,采用自然通风方式的时候也影响空气的流动,也不利于防火。

2. 鸡舍间的道路　场区内有主干道作为净道,连接各个鸡舍的前端,作为人员通行、饲料和设备运送的通道。在各鸡舍的末端要有污道相连,作为清理粪便、垫料的专用通道,并与贮粪场相通。在道路与生产区交汇的地方要建造消毒室和消毒池,用于人员和车辆的消毒。

3. 绿化与隔离　隔离是防疫的重要保证,绿化是鸡舍间相互隔离的重要措施。鸡舍之间的空闲地应该在距鸡舍前后墙 2～3 米处种植乔木,在中间地方种植灌木。绿化不仅能够净化空气(吸附粉尘、微生物和有害气体),还能够在夏季遮阳。

(四)鸡舍主要结构的设计要求

1. 基础与地面　一般情况下,舍内地面比舍外高 30～50 厘米。舍内地面应以三合土压实,表面用混凝土硬化处理。为了便于在冲刷后减少舍内积水和排水,舍内地面要求前端略高、后端略低,坡度为 0.2%～0.4%。

2. 墙壁　使用机制砖,要求墙体的厚度为 0.24 米,内壁要用水泥抹光,以利于清扫、冲洗。

3. 门与窗　鸡舍的门应有净门和污门之分。鸡舍门一般宽 1.5～2 米,高 2～2.4 米。净门是平时人员出入的,污门是清理鸡粪用的。

有窗鸡舍的窗户应足够大,以保证鸡舍的自然通风。靠墙设置走道的鸡舍,窗台距地面约 1 米,窗户上顶距屋檐约 0.8 米,南侧的窗户宽度约 1 米,高度约 1.3 米,北侧窗户高度和宽度均约 1 米。窗户扇向外开,内侧安置金属网以防鼠、雀进入。

4. 屋顶和天棚　要求保温、隔热、防水、坚固、重量小。鸡舍应尽可能设天棚,使屋顶和天棚之间形成顶室,以利于缓冲温度变化。对于采用纵向通风方式的鸡舍在设置顶棚后能够提高通风效率。

(五)鸡舍的功能设计

1. 鸡舍的通风设计　鸡舍的通风设计要考虑鸡舍内单位时间的换气量和舍内的气流速度等。根据《家畜环境卫生学附牧场设计》(全国统编教材)中的资料,蛋鸡舍通风参数见表 3-2。

表 3-2　蛋鸡舍通风参数

鸡舍类型	换气量(米³/小时·千克体重)		气流速度(米/秒)
	冬季	夏季	
产蛋鸡舍	0.7	4.0	0.3～0.6
1～9 周龄雏鸡舍	0.8～1.0	5.0	0.2～0.5
10～22 周龄青年鸡舍	0.75	5.0	0.2～0.5

生产中从缓解热应激的角度出发,夏季的气流速度一般要求达到 1 米/秒以上。

(1)鸡舍的纵向通风设计 对于容量较大的蛋鸡舍(长度超过 40 米)多数采用纵向通风方式。通常将工作间设置在鸡舍前端的一侧,将前端山墙与屋檐平行的横梁下 2/3 的面积设计为进风口,外面用金属网罩以防鼠、雀,冬季可以用草帘遮挡一部分。风机安装在鸡舍后端山墙上,要求风机规格大小要配套,以满足不同季节不同通风量的要求。

风机总流量的计算可以使用公式:

$$Q = 3600S \times V$$

公式中 Q 为风机总流量(立方米/小时),S 为气流通过截面的面积(平方米,通常是屋梁下高度与鸡舍宽度的乘积加上梁上三角形的面积),V 为夏季最大气流速度(米/秒,一般为 1～1.2 米/秒)。如果鸡舍密闭效果不很好,计算出的 Q 值需要再除以 0.8(通风效率按 80% 计算)。

(2)鸡舍的横向通风设计 对于小容量的鸡舍可以采用横向通风设计,将工业壁扇安装在鸡舍北侧的墙壁上,上层风扇底部高度应比鸡笼顶部高 30 厘米以上,下层风扇底部距舍内地面不少于 15 厘米。通风时将北侧窗户关闭,南侧窗户打开,启动风机后气流从南侧窗户进入,经过鸡舍内部后从北侧风机排出。夏季可以将风扇反转,向鸡舍内吹风。

(3)自然通风设计 自然通风主要通过门窗和屋顶的天窗进行舍内外气体的交换。窗户尽量靠墙壁的中上部,在窗户的下面另设置 1 个地窗(高度约 40 厘米,宽度约 80 厘米)。每间隔 2 间房在屋顶设置 1 个可以调节通风口的天窗。

2.加热设计 在蛋鸡育雏时期需要使用加热设备以保持

舍内适宜的温度。在加热设备中以地下火道的使用效果比较理想。其他设备可以作为辅助性加热使用。

地下火道由炉膛、火道和烟囱组成。炉膛采用深坑式设计，其顶部不高于火道顶部。火道靠炉膛一端距地面较深，靠烟囱处离地面近。根据鸡舍跨度大小，舍内设置若干条火道，火道之间距离约 1.5 米。烟囱的顶部要高于屋顶。

3. 降温设计　夏季高温对鸡的生产性能和健康影响很大，是我国大部分地区养鸡过程中发生问题最多的时期。夏季采取措施降低舍温是改善鸡群生产性能的重要途径。目前采用的湿帘降温系统和喷雾降温系统都需要与风机配套使用，因此也称为负压纵向通风—湿帘（或喷雾）降温系统。

（1）湿帘降温系统　在鸡舍的进风口安装特制的湿帘，使用时打开水管使水从湿帘淋下，风机启动后空气通过湿帘进入鸡舍。这种方式一般可以使进入鸡舍的空气温度降低 4℃～6℃。有的地方使用多孔黏土砖代替湿帘，也能够获得比较理想的降温效果。

（2）喷雾降温系统　沿鸡舍走道上方安装水管和雾化喷头，当需要降温时打开高压泵，喷头喷出水雾，吸附舍内空气中热量后通过风机排出舍外。

4. 采光设计

（1）自然采光设计　在蛋鸡生产中，有窗鸡舍和半开放式鸡舍白天可以充分利用自然光照。光线通过鸡舍的门窗进入舍内。

自然采光要求鸡舍的窗户设计要合理。每间房的前后墙均设置 1 个窗户，南侧窗户的高度为 1.5 米，宽度 1.2 米，窗户顶部与屋檐之间有 0.5 米左右的距离。北侧窗户规格和安装位置与南侧窗户相同或稍小一些。宽度大的鸡舍可以考虑在屋顶设置天窗,用透明玻璃钢瓦覆盖。

(2)人工照明设计　使用的照明工具通常为白炽灯,安装在鸡舍内走道的正中间。走道上灯泡的间距3～3.3米,悬挂在屋梁上,距地面1.7～1.9米。每条走道上的灯泡各自设置1个开关。灯泡的安装位置要考虑到鸡群生活范围内光线要均匀分布。

(3)自动控制照明装置　光照强度和定时双控设备已经应用到养鸡生产中。设定每天照明和黑暗时间后,控制系统能够根据舍内光照强度自动按时开关灯。

四、鸡场设备

一般较小规模的蛋鸡养殖场内使用的设备主要有环境控制设备、供水系统与饮水设备、饲喂设备、笼具和卫生防疫设备等。

(一)环境控制设备

鸡是恒温动物,当周围温度在适宜范围内时能有效调节体温,保持体温恒定。极端寒冷或炎热则不适应,所以鸡舍必须给鸡提供适宜的环境使其保持热平衡。环境控制设备包括通风、采光、温度调节等设备,其使用目的是为了人为干预鸡舍内的环境,使之能够为蛋鸡的健康和生产提供更好的条件。

1.通风设备　鸡舍通风方式按照通风动力可分为自然通风、机械通风和混合通风3种。机械通风可分为正压和负压通风。根据舍内气流组织方向,机械通风还可分为横向通风与纵向通风。经常使用的风机类型如下。

(1)轴流式风机　其叶片旋转方向可以逆转,方向改变,气流方向随着改变,通风量不减少,可在鸡舍的任何地方安装(图 3-1-1)。

(2)环流风机　安装在鸡舍横梁上,朝某个方向吹风(图3-1-2)。

A　　　　　　　　　B

图 3-1　鸡舍通风设备

A. 轴流风机　B. 环流风机

(3)吊扇　悬于顶棚上,将空气吹向鸡体使鸡只附近增加气流速度,促进蒸发散热。一般作为自然通风鸡舍的辅助设备。安装位置和数量要视鸡舍情况而定。

(4)离心式风机　空气进入风机时与叶片轴平行,离开时方向垂直,能适应于通风管道 90°角的转弯。

2. 温度控制设备　家禽具有耐寒怕热的习性,高温是影响蛋鸡健康和生产的重要环境因素,因此许多鸡场都配备有夏季降温设备。

(1)通风与雾化降温系统　在舍内或笼内鸡的上方安装带有喷嘴的水管,启动加压泵后水从雾化喷嘴喷出,形成水雾吸收舍内空气中热量。此时开动风机进行通风,吸热后的水雾被送出舍外而使舍温下降。

(2)湿帘—风机系统　进入鸡舍的空气通过湿帘,由于湿帘的蒸发,使得进入鸡舍内的空气温度下降。

3. 光照设备

(1)灯的类型　常用的有 3 种。

①白炽灯　安装方便而价廉,发光效率较低,使用时需加灯罩以提高照明效果。

②荧光灯　发光效率 3～4 倍于白炽灯,电能的利用率高,寿命比白炽灯长 9 倍。

③汞蒸气灯　效率同于荧光灯,气温变化时的表现优于荧光灯,但需数分钟预热时间才能充分发光,高度以 4.3 米最好。在笼养鸡舍会产生许多阴影。

(2)灯泡的布置　鸡舍内灯泡的安装方式影响灯光的使用效率,必须使鸡活动处有足够的光照,使鸡只经常逗留的区域各处都有均匀的光照强度。

在平养鸡舍要求灯泡之间的距离必须是灯泡至鸡身距离的 1.5 倍。如安装两排以上,每排灯泡必须相互交叉排列。在笼养鸡舍应将灯泡安装在走道正中上方,距地面约 1.8 米高,使灯光能照到饲料和鸡身上,并有利于灯泡的维护和人员的行走。

(3)光照控制设备

①遮光导流板　波纹状板块,可以减少外界光线的进入,对气流的影响则很小,适于密闭鸡舍使用。

②可编程序控制器　设定时间后能够按时自动开关电灯,断电后需重新调整。

(二)供水系统与饮水器

完备的舍内自动饮水设备应该包括过滤、减压、消毒和软化装置、饮水器及其附属的管道。软化设备投资大,可根据当地的具体情况灵活安排。

1. 过滤器 用来过滤水中的杂质,应该有较大的过水能力和一定的滤清能力。

2. 减压器 鸡场水源一般用自来水或水塔里的水,其水压适用于水槽饮水器,而乳头式、杯式、吊塔式饮水器均需较低的水压。常用的减压装置有水箱和减压阀两种,特别是水箱由于结构简单,便于投药,生产中应用更为普遍。水箱采用无毒塑料制成,其两侧分别设置进水口和溢水口,出水口位于箱底。箱内的浮子可随水位的高低而升降,同时控制浮球阀(进水阀门)的开度,当水位达到预定高度时,自动关闭浮球阀,停止进水。水箱应放在一定的高度上,使饮水器能得到所需的水压。

3. 水槽式饮水器 在农户小规模蛋鸡生产中应用广泛,结构简单。可直接用自来水龙头供水,但水量浪费大,易污染水质,应定期清洗。

4. 吊塔式饮水器 主要用于平养鸡舍,可自动保持饮水盘中有一定的水量,不妨碍鸡的自由活动,能防止鸡在饮水时踩入水盘,可以避免鸡粪落入水中。

5. 乳头式饮水器 乳头式饮水器具有较多的优点:全封闭式水路,全塑料管道确保了供水的新鲜、洁净,极大地减少了疫病的发生率;节约用水,用水量只相当于水槽用水的15%~25%;使用优质钢密封工艺及超低压供水,水量充足且无湿粪现象,改善了鸡舍的环境;乳头式饮水采用"T"字形连接,安装简便、更换方便。360°角全方位触面,开阀力小,任何方向均可饮用(图 3-2-C)。

6. 普拉松饮水器 属吊挂式饮水器,最适合于育成阶段鸡群使用(图 3-2-B)。它通过水盘内水的重量自动调节进水阀门,以保持水盘内适宜的水深度。

7. 钟形饮水器 与吊塔式饮水器相似,但没有输水管,一般直接放置在地面或底网上(图 3-2-A)。

图 3-2 鸡用饮水设备
A. 钟形饮水器 B. 普拉松饮水器 C. 乳头式饮水器

(三)饲喂设备

1. 料槽 是最常用的饲喂设备,既适用于笼养,又适宜于平养。笼养用的料槽,其矮边应紧贴鸡笼,高边朝外以防止鸡将饲料甩出。镀锌薄板制成的料槽,其槽口可用直径为 2～3毫米的铁丝卷边,以增加其强度。平养时可在料槽上设置一条能滚动的圆棒,以防止鸡进入槽内弄脏和浪费饲料。

2. 料桶 适宜于平养方式。料桶由桶体(底呈锥形)、食盘、调节板和弹性销组成(图 3-3)。弹性销插入调节板孔后,桶体底边与食盘间即留有一定的流料间隙。人工将饲料加入料筒,靠饲料重力和鸡采食时触碰料桶所引起的摆动,使饲料从流料间隙不断流出,供鸡自由采食。当弹性销插入最上面的孔时,流料间隙小,饲料流出量小,适用于雏鸡采食。当弹性销插入最下面的孔时,流料间隙大,饲料容易流出,适用于育成鸡。料桶可放在地面上,也可以吊挂起来,根据鸡日龄的大小随时调节其高度。

图 3-3　料　桶

(四)笼　具

1.育雏笼　由 1 组加热笼、1 组保温笼和 4 组运动笼拼接而成,各部分之间呈独立结构,便于进行各部分的组合。总体结构为 4 层,每层高度为333 毫米,外形规格为:长 4 404 毫米,宽 1 396 毫米,高 1 725毫米,底网网格为 14 毫米×14 毫米,粪盘规格为 685 毫米×685 毫米。加热笼采用远红外集成式辐射元件,上 3 层每层各接 1 个,最下层上下各接 1 个乙醚膨胀饼,并自动控温,总功率为 2～13 千瓦,总容量为 1～45 日龄雏鸡 700～800 只。

2.成年蛋鸡笼　各层组装笼之间不完全重叠配置的鸡笼,又可分为全阶梯式鸡笼和半阶梯式鸡笼 2 种,每种均包括全架和半架两种形式。目前,使用最多的是 3 层全阶梯式(图3-4)。养鸡场(户)可以根据自己鸡舍的宽度决定选用全架或半架鸡笼。

3 层全阶梯式全架鸡笼的规格一般长度为 1.9 米,宽度为 2.18 米(下层两侧盛蛋网外缘之间距离为 2.18 米,两侧笼架支脚之间距离为 1.9 米),高度为 1.65 米。不同企业加工的产品规格相差无几。质量方面要求网片点焊牢固、钢丝端

图 3-4 产蛋鸡笼

部齐整,其伸出量小于 1毫米,网片的镀锌层厚度大于 0.02 毫米;笼架表面平整,焊接牢固,镀锌层厚度大于 0.03 毫米;组装时笼架垂直放于地面,笼架与鸡笼条应平直,不得扭曲变形,底网载鸡后,除去承重后的永久变形量最大不超过 4毫米。

(五)断 喙 器

有台式自动断喙器和脚踏式断喙器 2 种,使用较多的是台式自动断喙器(图 3-5)。用于雏鸡的断喙。

(六)卫生防疫设备

1. 高压冲洗消毒器 用于房舍墙壁、地面和设备的冲洗消毒。由小车、药桶、加压泵、水管和高压喷头等组成。这种设备与普通水泵原理相似。高压喷头喷出的水压大,可将消毒部位的灰尘、粪便等冲掉,若加上消毒药物则还可起到消毒作用。

2. 农用喷雾器 这是

图 3-5 台式自动断喙器

一种背负式的小型喷雾器,机体为高强度工程塑料,抗腐蚀能力强,一次充气可将药液喷尽,配备安全阀起超压保险作用。在小规模蛋鸡场(户)使用较多,通常在对鸡舍内外环境消毒时使用。

3. 免疫接种用具　包括一次性注射器、连续注射器、滴管等。

4. 清扫用具　包括铁锨、扫帚、推车等。

第四章 蛋鸡的饲料与安全管理

一、蛋鸡常用饲料原料

依据饲料原料营养成分含量不同,可分为能量饲料、蛋白质饲料、粗饲料、矿物质饲料、维生素饲料和添加剂等。

(一)能量饲料

能量是鸡最主要的养分。凡是干物质中含粗蛋白质低于20%,纤维素含量低于18%的饲料都属于能量饲料。常用的能量饲料主要有以下几种。

1. 谷实类

(1)玉米 是蛋鸡饲料中使用量最大的饲料原料。其含淀粉多且容易消化吸收,其脂肪中亚油酸的含量高。玉米在保管中要注意防止发霉,霉变的玉米其胚芽处颜色呈蓝绿色。

(2)碎大米 在水稻主产区加工大米的过程中所产生的碎大米是常用的能量饲料。其消化效率很高,但其中的脂肪含量比较低。

(3)小麦 在某些季节玉米价格过高的时候,可以使用小麦代替部分玉米作为能量饲料。与玉米相比,小麦中蛋白质含量较高而能量、胡萝卜素含量较低。

(4)次粉 通常是指小麦加工中没有食用价值的面粉,包括含少量沙土的低值面粉。如果含土量较大,如扫地粉,则称之为土面。但也有将在精制面粉中出麸率很高的细麦麸称之为次粉,细麦麸中含有较多的面粉,含有效能值及粗蛋白质介于小麦与麦麸之间。

其他谷实类饲料还有稻谷、大麦、燕麦、麦秕、草籽、小米等。

2. 糠麸类

(1)小麦麸　小麦麸是面粉厂加工的主要副产品。因含纤维较多(8.5%~12%),因此能值较低,代谢能仅为7.1兆焦/千克。粗蛋白质含量较多,可达12%~17%,其质量高于麦粒,含有赖氨酸0.5%~0.6%,蛋氨酸仅0.1%左右。小麦麸中含磷量达1.13%,为植物性饲料之冠,但多以植酸盐形式存在,难以消化利用。含有维生素 B_1、维生素 E,缺乏维生素 B_{12}、维生素 A 和维生素 D。小麦麸的质地疏松,适口性好,具有轻泻作用。在鸡日粮中加入小麦麸可加速鸡的生长发育,并能促进羽毛的生长,在日粮配合中可占5%~10%。

(2)米糠　米糠是稻谷加工的副产品,其中除种皮外,还含有少量碎米和颖壳。米糠代谢能水平较高,为11.3兆焦/千克;粗纤维含量为9%左右;粗蛋白质含量较低,为12%左右;但粗脂肪含量非常高,为15%,是玉米的4倍,小麦麸的5~7倍。米糠中的维生素、烟酸和维生素 E 含量丰富,但缺乏维生素 A 和维生素 D。由于含油脂过多,在高温、高湿环境下,特别是梅雨季节,容易氧化酸败,所以贮量不宜过多。在日粮配合中可占5%~15%。

3. 树叶粉及草粉　是将青绿的树叶(主要是槐树叶、榆树叶、松针、紫穗槐叶等)、青草、花生秧等晒干后粉碎制成的。其营养价值与树的种类、收集时期和干燥方法有关,一般来说树叶在青绿时期、青草在初花期进行收集的质量比较好,在枯黄后其营养价值明显降低;阴干制品质量比在太阳下晒干的好,快速烘干则更好。树叶粉及草粉中含有一定量的蛋白质、矿物质及维生素,在育成蛋鸡饲料中的用量可占 3%～6%。

4. 糟渣类　在糟渣类饲料中,通常在鸡饲料中使用的有糖渣、豆腐渣和味精渣,这些饲料含水量高,应先干燥再用于生产配合料。干豆腐渣在使用时也可以与配合饲料混合。由于这些饲料的营养价值较低,在高产蛋鸡配合料中的用量不宜超过 3%(按干物质计)。

5. 油脂类　包括动物性油脂和植物性油脂。动物性油脂常用的有鱼油、牛油、羊油、猪油、骨油等,其代谢能水平比较高(为玉米的 2.5 倍多)。使用中主要是避免使用变质的油脂。植物性油脂包括玉米油、菜籽油、豆油、混合油脂等。

由于油脂的价格比较高,其使用量受限制,在产蛋鸡饲料中的添加量一般在 1%～1.5%。如果不添加油脂,则大多数情况下蛋鸡饲料中的能量水平会偏低。

(二)蛋白质饲料

蛋白质是含有碳、氢、氧、氮和硫的复杂的有机化合物,由 20 多种氨基酸组成,是鸡体细胞和蛋的主要构成成分。蛋白质在鸡体内利用率的高低,主要取决于饲料原料中氨基酸含量及氨基酸是否平衡。常用的蛋白质饲料原料有植物性蛋白质饲料和动物性蛋白质饲料。

1. 植物性蛋白质饲料

(1)豆饼(粕)　以压榨法提取豆油后的副产品为豆饼,以浸提法提取豆油后的副产品为豆粕。豆粕一般呈不规则碎片状,颜色为浅黄色至浅褐色,味道具有烤大豆香味。

豆饼(粕)内含的多种氨基酸,基本适合于家禽和猪对营养的需求。豆饼(粕)的能量水平也比较高,富含核黄素和烟酸,但硒含量较少。豆饼(粕)具有香味,适口性好,它是理想的蛋白质饲料。

(2)膨化大豆　使用专门的加热膨化设备处理大豆,之后用于饲料的配合。其中蛋白质含量 36% 左右,脂肪含量约 16%。

(3)菜籽饼(粕)　其蛋白质含量中等,为 32%～36%。在其氨基酸组成上蛋氨酸含量高而精氨酸含量低,与花生饼和棉籽饼(粕)配合使用效果较好。

菜籽饼(粕)中硒和锰的含量较高,其中所含磷的利用率也较高。但是,菜籽饼(粕)中含有较多的不易消化的多糖,因此其能量水平偏低。

菜籽饼(粕)中含有的硫葡萄糖苷,经分解后的产物对甲状腺、肝脏有毒害作用,高温处理可脱去部分毒素,也可使用脱毒剂解毒。菜籽饼(粕)的适口性不好,在饲料中不宜多用,以 3%～5% 为宜。

(4)棉仁粕　是棉籽脱壳浸提油后的产品,蛋白质含量约 40%,其中赖氨酸、蛋氨酸含量少而精氨酸含量高。因此,与菜籽粕配合使用较好。

棉仁粕中含有棉酚,用量过大或长期使用会使鸡只中毒,影响生长发育和产蛋。另一种有害物质(环丙烯类脂肪酸)可使蛋黄变褐、变硬,蛋白变粉红色。棉仁粕用于饲料应经微生物脱毒处理。添加硫酸亚铁虽然也可起脱毒作用,但会使赖氨酸变性。

棉仁粕的用量不宜过多,在配合饲料中含量不应超过 5%。种鸡饲料中尽可能避免使用棉仁粕。

此外,经常使用的植物性蛋白质饲料还有蚕豆、黑豆、豌豆、花生饼、芝麻饼、向日葵仁饼、胡麻饼、玉米蛋白粉等。

2. 动物性蛋白质饲料

(1) **鱼粉** 我国使用的鱼粉(包括进口鱼粉和国产鱼粉)是以全鱼为原料制成的不掺异物的纯鱼粉。各类鱼粉因原料不同和加工条件不同,而使得各种营养物质的含量差异很大。

优质鱼粉的蛋白质含量很高,一般为64%左右,氨基酸平衡也很好,赖氨酸和蛋氨酸含量都很高。钙、磷的含量较高,而且所有的磷都是可利用磷。还含有维生素A、维生素E和维生素B_{12},这是所有植物性饲料中都没有的,并且其他B族维生素含量也较高。还值得一提的是,鱼粉中含有促生长未知因素。

由于鱼粉价格很高,所以鱼粉掺假现象就比较常见。常见掺假物的种类有植物性物质(如稻壳粉、小麦麸、草粉、米糠、木屑、棉籽粕和菜籽粕等)、动物性物质(如水解羽毛粉、肠衣粉、血粉、肉骨粉等)、含氮化合物(如尿素、尿素—甲醛聚合物等)、石粉、黄泥等其他杂质。

标准鱼粉一般为颗粒大小均匀一致、稍显油腻的粉状物,可见到大量疏松状的鱼肌纤维以及少量的骨刺、鱼鳞、鱼眼等成分。颜色均一并呈浅黄、黄棕或黄褐色;以手握之有疏松感,不结块,不成团;闻时带有浓郁的烤鱼香味,并略带鱼腥味,但无异味。掺假鱼粉中可见到颗粒大小不一、形状不一、颜色不一的杂质,少见或不见鱼肌纤维以及骨刺、鱼鳞、眼球等鱼粉成分;粉状颗粒较细,易结块,多呈小团块状。也可取样品少许,放入洁净的玻璃杯或烧杯中,加入10倍体积的水,剧烈搅拌,静置后观察水面漂浮物和水底沉淀物。若水面漂有羽毛碎片或植物性物质,如稻壳粉、花生壳粉、小麦麸等,说明有水解羽毛粉或植物性物质掺入。

(2) **肉粉和肉骨粉** 屠宰场或肉品加工厂的肉屑、碎肉等处理后制成的饲料叫肉粉。而以连骨肉为主要原料制成的饲料叫肉骨粉。肉粉与肉骨粉的粗蛋白质含量在 40% ~ 50%,赖氨酸含量较高,但蛋氨酸和色氨酸含量低(比血粉还低),B 族维生素含量较高,而维生素 A、维生素 D 和维生素 B_{12} 的含量都低于鱼粉。

(3)血粉 粗蛋白质含量高达 80%,赖氨酸含量也高达 7% ~ 8%(比常用鱼粉含量还高),组氨酸含量同样也较高,但精氨酸含量却很低。血粉与花生饼(粕)或棉仁饼(粕)搭配,可得到较好的饲养效果。血粉的消化率很低,适口性也较差,在饲粮中的比例,一般不超过 3%。

(4)羽毛粉 羽毛粉由禽类的羽毛经高压蒸煮、干燥粉碎而成,蛋白质含量可达 80.3% 以上。与其他动物性蛋白质饲料共用时,可补充蛋鸡日粮中的蛋白质。由于其消化率较低,其用量不超过日粮的 3%。

(5)蚕蛹粉和蚕蛹粕 蚕蛹粉是蚕蛹经干燥、粉碎后的产物,粗脂肪含量可达 22% 以上。蚕蛹粕是蚕蛹脱油后的残余物,粗脂肪含量一般在 10% 左右。蚕蛹粉和蚕蛹粕的蛋白质含量都很高,分别为 54% 和 65%。蚕蛹粉和蚕蛹粕氨基酸组成的最大特点是蛋氨酸含量很高,分别为 2.2% 和 2.9%,是所有饲料中的最高者;其次,赖氨酸含量也较高,约与进口鱼粉相当;色氨酸含量达 1.25% ~ 1.5%。因此,蚕蛹粉、蚕蛹粕是平衡饲粮氨基酸组成的很好饲料。

蚕蛹粉、蚕蛹粕的缺点是很容易发生腐败变质,变质后的蚕蛹粉再饲喂蛋鸡,会使鸡蛋和鸡肉带有不良气味。

3. 单细胞蛋白质饲料 单细胞蛋白质饲料主要指的是酵母。试验结果在配合饲料中以不超过饲粮 5% 的比例为宜。有报道,如添加一些精氨酸与蛋氨酸则效果更好。酵母经过紫外线照射还可提高维生素 D_2 的含量。

(三)矿物质饲料

1. 石粉 也称石灰石粉,是石灰石粉碎后的产物。优质石粉含碳酸钙95%以上,含纯钙35%以上,是最经济常用的钙补充剂。在生长阶段蛋鸡和成年鸡精料中的用量分别为1%～2%和6%～8%。

2. 贝壳粉 系由蚌壳、牡蛎壳、螺蛳、河蚌等贝壳加工粉碎而成的粉末或碎粒,呈灰白或灰色,来源丰富,价格便宜,是良好的碳酸钙饲料。新鲜贝壳烘干后制成的粉含有一些有机质,如含粗蛋白质12.42%。因此,用鲜贝壳制粉应注意消毒,以防病菌污染和蛋白质腐败。用量(占精饲料量)雏鸡为1%～2%,种鸡5%～7%。

3. 磷酸氢钙 由磷矿石加工制成。外观为白色粉末,由于磷酸氢钙是由磷矿石经过脱氟等过程处理后制成的,使用时要检测其钙、磷含量,同时也要检测其氟含量。一般要求钙、磷含量分别为21%和16%。

4. 骨粉 以动物的骨骼加工而成。因制法不同其成分与名称亦不同。骨粉的含氟量低,只要杀菌消毒彻底,便可安全使用。但因成分变化大,来源不稳定,而且常有异臭,国外使用量正逐渐减少。蒸制骨粉是动物的骨骼在高压202千帕下以蒸汽加热,除去大部分蛋白质及脂肪后,加以压榨、干燥而成。一般含钙24%、磷10%以上、粗蛋白质10%。脱胶骨粉在处理时用405千帕压力,骨髓和脂肪几乎都已除去,故无臭味,应为白色粉末。含磷量可达12%以上。

5. 食盐 为无机化合物,含有鸡必需的钠、氯元素。食盐具有刺激唾液分泌、促进消化、维持机体细胞正常渗透压、保持体液中性的作用。同时还可改善饲料味道,促进食欲。雏鸡用量占精料量的 0.25%～0.3%,成鸡占 0.3%～0.4%,加入粉料拌和均匀饲喂。饲喂咸鱼粉时,不必另加食盐,以免盐量过多而致饮水增加,粪便过稀,严重时造成食盐中毒。

(四)饲料添加剂

饲料添加剂成分大体分为两大类:第一类为营养性添加剂,包括维生素、微量元素、氨基酸等;第二类为非营养性添加剂,包括生长促进剂、驱虫保健剂、抗氧化剂、增色剂、调味剂等。

1.营养性添加剂

(1)复合维生素添加剂　其中含有维生素 A、维生素 D、维生素 E、维生素 K、维生素 B_1、维生素 B_2、泛酸、烟酸、生物素、叶酸、维生素 B_{12} 等。根据鸡的营养需要,由多种维生素、稀释剂、抗氧化剂按比例、次序和一定的生产工艺混合而成的饲料预混剂。复合维生素添加剂一般不含有维生素 C 和胆碱(维生素 C 呈现较强的酸性、胆碱呈现较强的碱性,它们会影响其他维生素的稳定性,而且胆碱吸湿性比较强),所以在配制蛋鸡配合饲料时,一般还要在饲料中另外加入氯化胆碱。如鸡群健康状况不良、转群、运输及其他应激时,需要在饲料中加入维生素 C 时,应另外加入。

使用过程中,复合维生素在配合料中的添加量应比产品说明书推荐的添加量略高一些。一般在冬季和春、秋两季,商品复合多种维生素的添加量为每吨 200 克,夏季可提高至300 克,种鸡产蛋期为 400 克。虽然添加剂中的维生素多数都是经过包被处理,但如果受到阳光照射、与空气接触、吸收水分同样会加快其分解。所以在保存期间要注意密封、避光、置于阴凉干燥处。

(2)氨基酸添加剂

①蛋氨酸及其类似物　用于饲料添加剂的有 DL-蛋氨酸、羟基蛋氨酸、羟基蛋氨酸钙盐和 N-羟甲基蛋氨酸。

DL-蛋氨酸：又名甲硫氨酸。外观呈白色—淡黄色结晶或结晶性粉末，纯度在 98.5% 以上。目前国内使用的蛋氨酸主要靠进口。我国天津化工厂也有生产。

蛋氨酸羟基类似物及其钙盐：又名液态羟基蛋氨酸(MHB)。羟基蛋氨酸是深褐色黏液，含水量约 12%。有硫化物特殊气味，其 pH 值为 1～2，密度(20℃)1.23，凝固点—40℃。羟基蛋氨酸是液态，在使用时是喷入饲料后混合均匀的。这种混合方式的优点是添加量准确，操作简便，无粉尘。羟基蛋氨酸钙，纯度应在 97% 以上，为浅褐色粉末或颗粒，有含硫基的特殊气味，可溶于水。

②L-赖氨酸盐酸盐　又名 L-赖氨酸。纯度在 98.5% 以上。为白色或淡褐色粉末，无味或稍有特殊气味，易溶于水，难溶于乙醇及乙醚，有旋光性。

(3)微量元素添加剂　是由硫酸亚铁、硫酸铜、硫酸锰、硫酸锌、碘化钾、亚硒酸钠等化学物质按照一定的比例搭配而成的。由于在加工过程中载体使用量不同，其在配合饲料中的添加量也有较大差异，生产中常用的添加量有 0.1%，0.5%，1% 和 2% 等多种类型。一般来说在选用时应该考虑使用添加量为 0.1% 或 0.5% 的产品。复合微量元素添加剂的保存与复合维生素添加剂要求相同。

2.非营养性添加剂

(1)酶制剂　是利用微生物发酵后生产的，其中含有蛋白质酶、淀粉酶、脂肪酶、纤维素酶、植酸酶等。可以提高鸡群对饲料的消化率,也可以减少粪便中营养物质残留量而缓解环境污染问题。对于雏鸡和处于应激状态的鸡群来说各种酶制剂都有效果,植酸酶和纤维素酶对于各阶段的鸡都有效。

（2）抗氧化剂

①乙氧基喹　国内最常用的商品名称为抗氧喹。抗氧喹对油脂的抗氧化效果不甚理想,但对维生素的保护作用甚佳。本品的缺点是产品在贮存过程中其色泽会愈变愈深,在预混料中大量使用会影响到饲料的色泽。

②丁基化羟基甲苯　简称 BHT。其稳定性高,遇热抗氧效果也不受影响。

（3）防霉剂　常用的防霉剂主要有三大类。第一类为有机酸,如丙酸、山梨酸、苯甲酸、乙酸、脱氢醋酸和富马酸等;有机酸防霉效果较好,但腐蚀性较大。第二类为有机酸盐及其酯,如丙酸盐、山梨酸钠（钾）、苯甲酸钠和富马酸二甲酯等;其防霉效果较有机酸差,且必须在有一定的水分和 pH 值的条件下才能进行,但腐蚀性小。第三类为复合防霉剂,其防霉效果作用强、腐蚀性小,是饲用防霉剂的发展趋势。

（4）益生素　益生素本身是一种有益活菌制剂,直接添加于饲料中或通过口服而到达动物体内,然后在肠道内寄居、增殖,通过直接发酵增强动物对肠内有害微生物群落的抑制作用,使肠道微生物调整到平衡状态。如产酶益生素和乳酸菌、酵母菌、光合细菌等一样,是活菌制剂的典型。它可以提高生长速度,改善饲料利用率,防治疾病,减少死亡率。

（5）色素　包括人工合成色素（如加丽素黄、加丽素红）和植物提取物（栀子黄素、辣椒红素等）。适量添加能够加深蛋黄的颜色。但是,过量添加则有可能影响蛋的品质甚至人的健康。

(6)诱食剂　包括甜味剂、香味剂、酸化剂、某些具有诱食作用和安静作用的小肽等。

二、蛋鸡的饲养标准

不同国家和育种公司制定有各自的蛋鸡的饲养标准,这些标准大同小异。1988年我国首次颁布了中国家禽饲养标准(试用),此后经过大量的实验研究和应用探索,不断完善,于2004年再次颁布了中国家禽饲养标准。这里介绍的是2004版中国家禽饲养标准中有关蛋鸡的饲养标准。

(一)生长蛋鸡的营养需要

生长蛋鸡的营养需要见表4-1。

表4-1　生长蛋鸡营养需要

营养指标	单　位	0～8周龄	9～18周龄	19周龄至开产
代谢能	兆焦/千克	11.91	11.7	11.50
粗蛋白质	%	19.0	15.5	17.0
蛋白能量比	克/兆焦	15.95	13.25	14.78
赖氨酸能量比	克/兆焦	0.84	0.58	0.61
赖氨酸	%	1.0	0.68	0.70
蛋氨酸	%	0.37	0.27	0.34
蛋氨酸＋胱氨酸	%	0.74	0.55	0.64
苏氨酸	%	0.66	0.55	0.62
钙	%	0.9	0.8	2.0
总　磷	%	0.73	0.60	0.55
非植酸磷	%	0.4	0.35	0.32

营养指标	单 位	0~8 周龄	9~18 周龄	19 周龄至开产
钠	%	0.15	0.15	0.15
铁	毫克/千克	80	60	60
铜	毫克/千克	8	6	8
锌	毫克/千克	60	40	80
锰	毫克/千克	60	40	60
碘	毫克/千克	0.35	0.35	0.35
硒	毫克/千克	0.3	0.3	0.3
维生素 A	单位/千克	4000	4000	4000
维生素 D	单位/千克	800	800	800
维生素 E	单位/千克	10	8	8
维生素 K	毫克/千克	0.5	0.5	0.5
硫胺素	毫克/千克	1.8	1.3	1.3
核黄素	毫克/千克	3.6	1.8	2.2
泛 酸	毫克/千克	10	10	10
烟 酸	毫克/千克	30	11	11
吡哆醇	毫克/千克	3	3	3
生物素	毫克/千克	0.15	0.10	0.10
叶 酸	毫克/千克	0.55	0.25	0.25
维生素 B_{12}	毫克/千克	0.01	0.003	0.004
胆 碱	毫克/千克	1300	900	500

注:本标准以中型蛋鸡计算,轻型鸡可酌减 10%;开产指产蛋率达到 5%的
日龄(下同)

(二)产蛋鸡的营养需要

产蛋鸡的营养需要见表 4-2。

表 4-2　产蛋鸡营养需要

营养指标	单 位	开产至产蛋高峰 （产蛋率＞85％）	产蛋高峰后 （产蛋率＜85％）	种 鸡
代谢能	兆焦/千克	11.29	10.87	11.29
粗蛋白质	％	16.5	15.5	18.0
蛋白能量比	克/兆焦	14.61	14.26	15.94
赖氨酸能量比	克/兆焦	0.44	0.61	0.63
赖氨酸	％	0.75	0.70	0.75
蛋氨酸	％	0.34	0.32	0.34
蛋氨酸＋胱氨酸	％	0.65	0.56	0.65
苏氨酸	％	0.55	0.50	0.55
亚油酸	％	1	1	1
钙	％	3.5	3.5	3.5
总　磷	％	0.60	0.60	0.60
非植酸磷	％	0.32	0.32	0.32
钠	％	0.15	0.15	0.15
铁	毫克/千克	60	60	60
铜	毫克/千克	8	8	6
锌	毫克/千克	80	80	80
锰	毫克/千克	60	60	60
碘	毫克/千克	0.35	0.35	0.35
硒	毫克/千克	0.3	0.3	0.3
维生素 A	单位/千克	8000	8000	10000
维生素 D	单位/千克	1600	1600	2000
维生素 E	单位/千克	5	5	10
维生素 K	毫克/千克	0.5	0.5	0.5

营养指标	单 位	开产至产蛋高峰 (产蛋率>85%)	产蛋高峰后 (产蛋率<85%)	种 鸡
硫胺素	毫克/千克	0.8	0.8	0.8
核黄素	毫克/千克	2.5	2.5	3.8
泛 酸	毫克/千克	2.2	2.2	10
烟 酸	毫克/千克	20	20	30
吡哆醇	毫克/千克	3	3	4.5
生物素	毫克/千克	0.10	0.10	0.15
叶 酸	毫克/千克	0.25	0.25	0.35
维生素 B_{12}	毫克/千克	0.004	0.004	0.004
胆 碱	毫克/千克	500	500	500

三、蛋鸡饲料配合方法与饲料配方举例

(一)蛋鸡饲料配合方法

1. 饲料配合的原则

(1)注意科学性　要以饲养标准为依据,满足蛋鸡对营养的需要。需要强调的是,饲养标准中的指标,并非生产实际中动物发挥最佳水平的需要量,如微量元素和维生素,必须根据生产实际,适当调整。

(2)注意多样化原则　多种饲料搭配可起到营养互补的作用,可以提高饲料的利用率。不仅要考虑能量、蛋白质、矿物质和维生素等营养含量是否达到饲养标准,同时还必须看营养物质的质量好坏。彼此取长补短,以达到营养平衡。

(3)要注意饲料配方中能量与蛋白质的比例和钙与磷的比例　不同生长阶段的蛋鸡,其生产性能和生理状态的不同,对饲料中能量与蛋白质的比例、钙磷比要求也不同。如育成期对蛋白质的比重要求较高,产蛋期则对钙、磷以及维生素要求较高且平衡。

(4)注意日粮的容积　日粮的容积应与蛋鸡消化道相适应,如果容积过大,鸡虽有饱感,但各种营养成分仍不能满足要求;如容积过小,虽满足了营养成分的需要,但因饥饿感而导致不安,不利于正常生长。鸡虽有根据日粮能量水平调整采食量的能力,但这种能力也是有限的,日粮营养浓度太低,采食不到足够的营养物质。所以在育雏期和产蛋期,要控制粗纤维含量。

(5)注意饲料的适口性　饲料的适口性直接影响鸡的采食量,适口性不好,鸡不爱吃,采食量小,不能满足营养需要。另外,还应注意到饲料对鸡蛋品质的影响。

(6)不得使用发霉变质饲料　饲料中的有毒物质要控制在限定允许范围以内,如患黑穗病菌麦不得超过 0.25%。禁止使用发霉变质的饲料。

(7)配合的全价饲粮必须混合均匀　否则,达不到预期目的,造成浪费,甚至会造成某些微量元素和防治药物食量过多,引起中毒。

(8)经济实用　从经济观点出发,充分利用本地资源,就地取材,加工生产,降低饲料成本。尽量采用最低成本配方,同时根据市场原料价格的变化,对饲料配方进行相应的调整。

(9)灵活性　日粮配方可根据饲养效果、饲养管理经验、生产季节和饲养户的生产水平进行适当的调整。但调整的幅度不宜过大,一般控制在 10%以下。

(10)饲料原料应保持相对稳定 这是保证饲料质量稳定的基础,饲料原料的改变不可避免地会影响到鸡的消化过程而影响生产,如需改变应逐步过渡。

2. 常用原料在配合饲料中的大体比例 各类饲料原料在不同阶段蛋鸡的饲料中使用的比例有差异,见表 4-3。

表 4-3 不同原料在蛋鸡配合饲料中使用的比例 （％）

原料类型		雏　鸡	青年鸡	产蛋鸡
能量饲料	谷物及加工副产品	60～66	55～70	57～65
	油　脂	0～2	0～1	1～2
蛋白质饲料	油料饼粕	20～25	15～22	20～23
	动物性蛋白质饲料	0～3	0～2	0～3
矿物质饲料	食　盐	0.36	0.36	0.36
	骨粉、碳酸钙类	1.5～3	1.5～2.5	7～8
添加剂(复合维生素、微量元素、氨基酸等)		1～2	1～1.5	1～2

3. 饲料配合方法 常用的方法有试差法、交叉法、联立方程法和计算机模型法等。目前生产中常用的方法为试差法和计算机模型法。这里主要介绍试差法。

这种方法是目前国内普遍采用的方法。具体步骤为：①根据经验确定各种原料的大致比例,然后用该比例乘以该原料所含的各种营养成分,再将各原料相同营养成分相加,即得到该配方的每种养分的总量；②将以上结果与饲养标准进行对照,若有任一养分缺乏或不足,可通过改变相应原料的比例进行调整,直至所有指标都基本满足要求为止。

例如,以玉米、小麦麸、豆饼、棉仁饼、鱼粉、骨粉、石粉和维生素、微量元素预混料,配合0~8周龄蛋用雏鸡的饲料。

第一步,列出0~8周龄蛋用雏鸡饲养标准(表4-4)。

表4-4　0~8周龄蛋用雏鸡的饲养标准

代谢能	粗蛋白质	钙	总　磷	赖氨酸	蛋氨酸	蛋＋胱氨酸
(兆焦/千克)	(%)	(%)	(%)	(%)	(%)	(%)
11.91	19	0.9	0.7	1.0	0.37	0.74

第二步,根据饲料成分表查出所用各种饲料的养分含量(表4-5)。

表4-5　饲料的养分含量

饲料名称	代谢能(兆焦/千克)	粗蛋白质(%)	钙(%)	总　磷(%)	赖氨酸(%)	蛋氨酸(%)	蛋＋胱氨酸(%)
玉　米	14.06	8.6	0.04	0.21	0.27	0.13	0.18
小麦麸	6.57	14.4	0.18	0.78	0.47	0.15	0.33
豆　饼	11.05	43	0.32	0.50	2.45	0.48	0.60
棉仁饼	8.16	33.8	0.31	0.64	1.29	0.36	0.38
鱼　粉	12.13	62	3.91	2.90	4.35	1.65	0.56
骨　粉			36	16			
石　粉			36				

第三步,按能量粗蛋白质的需要量初拟配方,根据实践经验确定各种饲料的比例(表4-6)。

表 4-6　初拟配方

饲料名称	配比(%)	代谢能(兆焦/千克)	粗蛋白质(%)
玉 米	60	8.436	5.16
小麦麸	10	0.657	1.44
豆 饼	19	2.100	8.17
棉仁饼	5	0.408	1.69
鱼 粉	3	0.364	1.86
合 计	97	11.965	18.32
标 准		11.91	19.0

第四步,调整配方,使能量和粗蛋白质符合饲养标准规定的量。根据比较,饲粮中代谢能比标准高 0.055 兆焦/千克,粗蛋白质低 0.68%。用能量稍低和粗蛋白较高的豆饼代替玉米,每代替 1% 可使能量降低 0.03 兆焦/千克[(14.06－11.05)×1%],粗蛋白质提高 0.34%[(43－8.6)×1%]。可见,只要代替 2%,饲粮能量和粗蛋白质均与标准接近,而且蛋能比与标准符合。则配方中豆饼改为 21%,玉米改为58%。

第五步,计算矿物质和氨基酸饲料的用量。根据上述配方计算得知,饲粮中钙比标准低 0.657%,磷低 0.268%(表 4-7)。因骨粉中含有钙和磷,所以先用骨粉来满足磷,需骨粉 1.68%(0.268÷16),1.68% 可为饲粮提供钙 0.60%(36%×1.68%)。这样钙尚缺 0.057%,可补石粉 0.16%(0.057÷36)。赖氨酸含量比标准低出 0.08%,蛋氨酸和胱氨酸比标准低 0.452%,可用蛋氨酸添加剂来补充。原估计矿物质饲料和添加剂约占饲粮的 3%,现计算结果骨粉为 1.68%,石粉为0.16%,食盐为 0.3%,补加蛋氨酸0.452%,维生素和微量元素添加剂为 1%,总和为 3.17%,比估计值高 0.17%。像这样的结果不必再算,可在玉米或小麦麸中或二者中扣除即可。

表 4-7 饲粮中钙、磷和氨基酸含量
与标准比较(%)

饲料名称	配 比	钙	磷	赖氨酸	蛋氨酸	蛋+胱氨酸
棉仁饼	5	0.016	0.032	0.065	0.018	0.019
鱼 粉	3	0.117	0.087	0.131	0.050	0.017
豆 饼	21	0.067	0.105	0.515	0.101	0.108
小麦麸	11	0.020	0.086	0.052	0.017	0.036
玉 米	58	0.023	0.122	0.157	0.075	0.108
合 计	97	0.243	0.432	0.920	0.267	0.288
标 准		0.9	0.70	1.0	0.37	0.74
与标准比较		−0.657	−0.268	−0.08	−0.103	−0.452

第六步,列出配方及主要营养指标(表 4-8)。

表 4-8 0～8 周龄产蛋雏鸡的饲料配方及营养水平

饲料名称	配比(%)	营 养 水 平	
玉 米	58	代谢能(兆焦/千克)	11.91
小麦麸	9.428	粗蛋白质(%)	19.00
豆 饼	21	钙(%)	0.9
棉仁饼	5	磷(%)	0.7
鱼 粉	3	赖氨酸(%)	0.92
骨 粉	1.75	蛋+胱氨酸(%)	0.74
食 盐	0.37		
蛋氨酸	0.452		
维生素预混料	0.5		
微量元素预混料	0.5		

有计算机的生产管理者还可以用 Excel 表进行试差法计算饲料配方,其精确度要比手工计算的效果高很多。

4. 蛋鸡饲料配方设计过程中注意的事项

(1)确定使用营养标准 设计产蛋鸡饲料配方首先要确定好使用的营养标准,确定产品标准是设计饲料配方的依据。一般饲料厂采用的是国家标准,较大的饲料厂制定了适合自己情况的企业标准。

①采用国家标准 国家对产蛋鸡、肉用仔鸡、仔猪、生长肥育猪浓缩饲料(GB 8833—2004)实行的是强制性标准;对产蛋后备鸡、产蛋鸡、肉用仔鸡配合饲料(GB/T 5916—2004)实行的是推荐性标准。新颁布实施的《饲料标签》(GB 10648—1999),也对饲料标准提出了更高的要求,对产品的分析保证值要求也高了。

②采用企业标准 企业标准的制定,有国家标准的必须以国家标准为指导,指标不得低于国家标准。《饲料卫生标准》企业不得自己制定,属于强制性标准,必须遵照《国家饲料卫生标准》(GB 13078—2001)执行。

(2)了解市场,做好市场调研,满足市场需求,确立饲料配方设计标准 饲料配方应用营养学方面的一个重要趋向是从最低成本配方向最大收益模型的发展,如最低成本配方、参数配方、最大收益配方等。现代化饲料企业目前还利用饲料配方优化技术包括影子价格,指导饲料原料的采购和饲料在企业内合理使用,指导新技术、新工艺的开发利用,从而提高企业的效益与竞争力。

由于每个地区饲养的蛋鸡品种、饲养方式和自然条件不同,所以设计饲料配方时,首先要做市场调查,明确蛋鸡种类,尽量根据品种建议量设计配方。如有育种公司提供的营养标准,就应尽量根据育种公司提供的标准设计配方,其饲喂效果最佳。

（3）选定原料品种　注意选择当地常用的原料品种,有针对性地设计配方,应根据原料价格变化及时调整配方,控制粗纤维的含量,控制饲料中的有害、有毒原料,饲料组成体积应与鸡的消化道大小和饲养目标相适应。

（4）浓缩饲料配制的注意事项　饲料厂通常设计20％～40％的浓缩料。比例太低,用户需要配合的饲料种类增加,成本显得过高,饲料厂不容易控制最终产品质量;比例太高,就会失去浓缩的意义。通常情况蛋雏鸡设计5％～30％的浓缩料,育成鸡30％～40％,产蛋鸡35％～40％。其计算方法有以下两种:一是由配合饲料推算;二是由设定比例推算,再按照此比例配制。用户应用浓缩料时,应按照饲料厂推荐配方使用,这样容易进行质量控制。

（二）饲料配方举例

表 4-9 和表 4-10 列举的蛋鸡产蛋期的饲料日粮,只能作为配合饲粮时的参考。

表 4-9　蛋鸡饲料配方示例之一　（％）

饲料名称	5％～高峰		75％～85％		65％～75％		< 65％	
	配方 1	配方 2	配方 3	配方 4	配方 5	配方 6	配方 7	配方 8
玉　米	56.81	56.34	58.32	57.78	62	61.59	61.51	61.69
小麦麸	3.19	—	3.76	0.73	5.14	2.87	4.48	2.77
豆　粕	24.72	32.47	23.30	30.19	18.91	24.07	21.16	24.07
进口鱼粉	5.00	—	4.00	—	3.00	—	1.96	—
石　粉	7.64	7.52	7.9	7.6	8.5	8.28	8.25	8.28
骨　粉	2.14	3.13	2.21	3.15	1.96	2.67	2.15	2.67

饲料名称	5%～高峰		75%～85%		65%～75%		< 65%	
	配方 1	配方 2	配方 3	配方 4	配方 5	配方 6	配方 7	配方 8
蛋氨酸	0.15	0.19	0.15	0.19	0.13	0.16	0.14	0.16
食 盐	0.35	0.35	0.36	0.36	0.36	0.36	0.35	0.36

注:1. 配方 2 为无鱼粉日粮,可用于父母代种鸡;2. 复合维生素和微量元素添加剂按照说明另加

表 4-10　蛋鸡饲料配方示例之二　(%)

成分组成	雏 鸡		育成前期		育成后期		产蛋前中期		产蛋后期	
	配方 1	配方 2	配方 3	配方 4	配方 5	配方 6	配方 7	配方 8	配方 9	配方 10
玉 米	65	46	66	47	65.94	48	63	46	66	48
小 麦	—	23	—	21	—	22	—	18	—	19
小麦麸	2.7	—	5.54	3	8.5	5.44	1	—	2	—
豆 粕	20	19	14.6	15	12	12	16	17	14	14
菜籽粕	5	4	5	5.14	6	5	4	4	4	3
棉籽粕	3	3	4	5	5	5	3	3.1	4	3
花生饼	—	—	2	—	—	—	2	—	—	2
油 脂	1	1.5	—	—	—	—	1.8	2.0	—	1
石 粉	1.54	1.8	1.5	1.5	1.2	1.2	7.6	8	8.4	8.4
磷酸氢钙	1	1	1	1.0	1	1	1	1	1	1
蛋氨酸							0.24	0.2	0.24	0.24
赖氨酸	0.4	0.34					—	0.34	—	—
食 盐	0.36	0.36	0.36	0.36	0.36	0.36	0.36	0.36	0.36	0.36
合 计	100	100	100	100	100	100	100	100	100	100

注:1. 复合维生素和微量元素添加剂按照使用说明另外添加;2. 使用小麦的配方另外添加复合酶制剂

　　需要注意的是,上述配方是以有关饲料营养成分表中各种养分数据为基础调整的。原料的实际营养成分含量存在比较大的变异范围,需要根据实际情况和应用效果适时进行适

当调整。

四、添加剂和动物源饲料的使用与监控

随着人民生活水平的提高,人们对食物的卫生安全性越来越关注。环境中的有毒有害成分最终可以通过食物链经植物性食物和动物性食物部分或全部转入人体中,从而对人体产生毒害作用、致病作用,甚至致人死亡。饲料作为动物的日常饲粮,其卫生与安全程度在很大程度上决定着动物性食品的卫生安全性,不仅对养殖业的经济效益有着重要影响,而且与人类健康密切相关。在肉、奶、蛋等动物性食物消费量日益增多的今天,探讨影响饲料卫生安全性的添加剂和动物源饲料的使用与监控,无疑具有重要意义。

(一)药物饲料添加剂的使用与监控

随着集约化畜牧业的发展,兽药的作用范围也在扩大,有的药物如抗生素、磺胺类药物、激素及其类似物等已广泛用于促进畜禽的生长、减少发病率和提高饲料利用率。在兽药应用品种构成中,治疗药品的比重在下降。近年来,美国在兽用药品应用方面,饲料添加剂占 46%,治疗药品占 43%,疫苗等生物药品占 11%。在饲料添加剂中,抗生素及其抗菌药物用量占有相当大的比重。1996 年全球抗生素饲料添加剂用量已占全部饲料添加剂用量的 45.8%。

我国兽药业发展也很快,1987~1998 年共研制 247 种新兽药,平均每年有 22.5 种新兽药上市(含生物制品)。兽药的广泛运用,带来的不仅是畜牧业的增产,同时也带来了兽药的残留。现代畜牧业生产的发展,不可能脱离兽药的使用。要保证动物性食品中药物残留量不超过规定标准,必须要有用药规则,并通过法定的残留检测方法来加以监控。

为了保证畜牧业的正常发展及畜产品品质,发达国家规定了用于饲料添加剂的兽药品种及休药期。我国政府也颁布了类似的法规规定。但由于监控乏力,有的饲料厂和饲养场(户),无视法规规定,超量添加药物,如有的饲料厂在配制鸡饲料时,将数倍甚至几十倍于推荐量的喹乙醇添加于饲料中,有的养鸡场(户)在配合饲料中另外添加喹乙醇,使得日粮中喹乙醇的含量比安全值高出许多,而导致了鸡的喹乙醇中毒。有的饲料厂或饲养场(户)为牟取暴利,非法使用违禁药品。这些现象充分反映了当前兽药使用过程中超标、滥用的状况。如果这一状况得不到有效的控制,兽药在畜禽肉产品中的残留将对人类健康产生很大危害。

为了扼制这种状况的继续发展,除进一步完善兽药残留监控立法外,还应加大推广合理规范使用兽药配套技术的力度,加强饲料厂及养殖场(户)对药物和其他添加物的使用管理,对不规范用药的单位及个人施以重罚,最大限度地降低药物残留,使兽药残留量控制在不影响人体健康的限量内。

(二)动物源性饲料的使用与监控

蛋鸡常用的动物源性饲料主要有鱼粉和肉骨粉。

1. 鱼粉 由于所用鱼类原料、加工过程与干燥方法不同,其品质也不相同。鱼粉品质不良所引起的毒性问题主要有以下几个方面。

(1)霉变 鱼粉在高温潮湿的状况下容易发霉变质。因此,鱼粉必须充分干燥。同时,应当加强卫生检测,严格限制鱼粉中真菌和细菌含量。

(2)酸败　鱼类特别是海水鱼的脂肪,因含有大量不饱和脂肪酸,很容易氧化发生酸败。这样的鱼粉表面呈现红黄色或红褐色的油污状,具恶臭,从而使鱼粉的适口性和品质显著降低。同时,上述产物还可促使饲料中的脂溶性维生素 A、维生素 D 与维生素 E 等被氧化破坏。因此,鱼粉应妥善保管,并且不可存放过久。

(3)食盐含量过多　我国对鱼粉的标准中规定,鱼粉中食盐的含量,一级与二级品应不超过 4%,三级品应不超过 5%。使用符合标准的鱼粉,不会出现饲粮中食盐过量的现象。但目前国内有些厂家出产的鱼粉,食盐含量过高,甚至达 15%以上。此种高食盐含量的鱼粉在饲粮中用量过多时,可引起食盐中毒。

(4)引起鸡肌胃糜烂　红鱼粉及发生自燃和经过高温的鱼粉中含有一种能引起鸡肌胃糜烂的物质——胃溃素。研究认为,其有类似组胺的作用,但活性远比组胺强。它可使胃酸分泌亢进,胃内 pH 值下降,从而严重地损害胃黏膜,使鸡发生肌胃糜烂,有时发生“黑色呕吐”。为了预防鸡肌胃糜烂的发生,最有效的办法是改进鱼粉干燥时的加热处理工艺,以防止毒物的形成。

(5)细菌污染　如果鱼粉在加工、贮存和运输过程中管理不当,很容易受到大肠杆菌、沙门氏菌等致病菌的污染。使用这样的鱼粉会使鸡的健康受到威胁。

2. 肉骨粉　近年来,人们对牛海绵状脑病(BSE,又称疯牛病)再熟悉不过了。究其病因,是用了有问题的肉骨粉喂牛引起的。为了切断病原,英国对反刍动物饲料中添加肉骨粉制定了两个限制性法案。

第一,彻底禁止使用反刍动物制备蛋白质饲料饲喂反刍动物,以阻止被污染的饲料造成新的感染从而控制疯牛病。

第二,严禁在人的食品和动物饲料中添加特定的牛脏器加工产品。我国政府对控制疯牛病也做了大量工作。

鸡是单胃动物,没有严格禁止使用肉骨粉,但在实际应用时,应防止使用霉变的肉骨粉与肉粉喂鸡。应当加强卫生检测,严格限制其中的真菌和细菌数量。

五、饲料的无公害化管理

配合饲料生产是把众多种类的饲料原料,经一定的加工工艺,按一定的配比生产出合格的产品。产品质量与原料的质量密切相关。只有严把原料收购关,同时注意饲料加工、调制过程的无公害化管理,才能生产出质优价廉的配合饲料。

(一)饲料收购的无公害化管理

虽然组成配合饲料的原料种类繁多,但我国对大多数饲料原料都制定了相应的质量标准。因此,原料收购过程中一定要严格遵守原料的质量标准,以确保原料质量。饲料原料的质量好坏,可以通过一系列的指标加以反映,主要包括一般形状及感官鉴定,有效成分的检测分析,杂质、异物、有毒有害物质的有无等。

1. 一般性状及感官鉴定 这是一种简略的检测方法。但是由于其简易、灵活和快速的优点,常用于原料收购的第一道检测程序。感官鉴定就是通过人体的感觉器官来鉴别原料是否色泽一致、是否符合该原料的色泽标准、有无发霉变质、结块及异物等。如霉玉米可见其胚芽处有蓝绿色,小麦麸发霉后出现结块且颜色呈蓝灰色,掺有羽毛粉的鱼粉中有羽毛碎片,过度加热的豆粕呈褐色等。通过嗅觉来鉴别具有特殊气味的物料,检查有无霉味、臭味、氨味、焦糊味等,如变质的肉骨粉有异味,正常品质的鱼粉有鱼特有的腥香味等。将样品放在手上或用手指捻搓,通过触觉来检测粒度、硬度、黏稠性,有无附着物及估计水分的多少。必要时,还可通过舌舔或牙咬来检查味道。对于检查设施较为完善的地方,可借助于筛板或放大镜、显微镜等进行检查。一般性状的检查通常包括外观、气味、温度、湿度、杂质和污损等。

2. 有效成分分析

(1)概略养分 水分、粗蛋白质、粗脂肪、粗纤维、粗灰分和无氮浸出物总称六大概略养分。它们是反映饲料基本营养成分的常用指标。

(2)矿物质 在饲料中的矿物质,钙、磷和食盐的含量是饲料的基本营养指标。含量不足,比例不当,往往会引起相应的缺乏症。但如果使用过量时,就会破坏蛋鸡的正常代谢和生产过程。以上常量元素可通过常规法进行测定。

(3)饲料添加剂 饲料添加剂包括微量元素、维生素、氨基酸等营养添加剂和生长促进剂、驱虫保健剂等非营养性添加剂。在生产过程中,饲料添加剂用量很少,价格较高,要求极严。大部分添加剂的分析要借助于分析仪器,如紫外分光和液相色谱等,有时还采用微生物生化法和生物试验的方法加以检测。

3. 有毒有害物质的检测 饲料原料中含有的有毒物质大致可分为以下几类。它们需要在专业实验室分析。

(1)真菌所产生的毒素 如黄曲霉毒素、杂色曲霉毒素和棕色曲霉毒素等。

(2)农药残留 主要为有机氯、有机磷农药残留和贮粮杀虫剂残留等。

(3)原料自身的有毒物质　如棉籽饼(粕)中的棉酚,菜籽饼(粕)中的异硫氰酸酯,高粱中的单宁等。

(4)铅、汞、镉、砷等重金属元素及受大气污染而附上的有毒物质　如烟尘中的3,4-苯丙芘对饲料的污染等。

(5)某些营养性添加剂的过量使用　如铜、硒等,用量过大同样会引起蛋鸡中毒。

有害物及微生物的含量应符合相关标准的要求,制药工业的副产品不应作为蛋鸡饲料原料,应以玉米、豆饼为蛋鸡的主要饲料,使用杂饼粕的数量不宜太大,宜使用植酸酶减少无机磷的用量。

(二)加工和调制的无公害化管理

饲料企业的工厂设计与设施卫生、工厂的卫生管理和生产过程卫生应符合国家有关规定,新接受的饲料原料和各批次生产的饲料产品均应保留样品。

1. 粉碎过程　饲料生产中应用的谷物原料一般都先经过粉碎。粉碎大块的物料,要检查有无发霉变质现象。粉碎后的物料粒径减小,表面积增大,在蛋鸡消化道内更多地与消化酶接触,从而提高饲料的消化利用率。通常认为饲料表面积越大,溶解能力越强,吸收越好,但是事实不完全如此,吸收率取决于消化、吸收、生长、生产机制等。如饲料有过多粉尘,还会引起蛋鸡呼吸道、消化道疾病等。因此,粉碎谷物都有一个适宜的粒度。同时,粉碎粒度的情况也将直接影响以后的制粒性能,一般来说,表面积越大,调质过程淀粉糊化越充分,制粒性能越好,从而也提高了饲料的营养价值。

2. 配料混合过程　配料精确与否直接影响饲料营养与

饲料质量。若配料误差很大,营养的配给达不到要求,一个设计科学、合理的配方就很难实现。

定期对计量设备进行检验和正常维护,以确保其精确性和稳定性。微量和极微量组分应进行预稀释,并应在专门的配料室内进行。

混合工序投料应按照先大量、后小量的原则,投入的微量组分应将其稀释到配料最大称量的 5% 以上 。

同一班次应先生产不添加药物添加剂的饲料,然后生产添加药物添加剂的饲料。先生产药物含量低的饲料,再生产药物含量高的饲料。在生产不同的药物添加剂的饲料产品时,对所用的生产设备、用具、容器应进行彻底的清理。

3. 调质　制粒前对粉状饲料进行水热处理称为调质,通过调质可达到以下目的。

(1)提高饲料可消化性　调质的主要作用是对原料进行水热处理。在水热作用下,原料中的生淀粉得以糊化而成为熟淀粉。如不经调质直接制粒,成品中淀粉的糊化度仅 14% 左右;采用普通方法调质,糊化度可达 30% 左右;采用国际上新型的调质方法,糊化度则可达 60% 以上。淀粉糊化后,可消化性明显提高,因而可通过调质达到提高饲料中淀粉利用率的目的。调质过程中的水热作用还使原料中的蛋白质受热变性,即蛋白质紧密的螺旋状结构在水热作用下因某些键断裂而变得结构松弛,结构松弛的蛋白质易于被酶解,饲料中的蛋白质就可被消化吸收得更充分。

(2)杀灭致病菌　当今饲料研究的一个热点是饲料的安全与卫生。采用安全卫生欠缺的饲料,得到的禽畜产品就难以保证安全卫生。饲料与动物健康的关系虽已被饲料研究和生产者注意,但目前国内众多饲料厂采用在饲料中加入各种防病、治病药物的方法有很多弊端。而大部分致病菌不耐热，可通过采用不同参数或不同的调质设备进行饲料调质，以有效地杀灭饲料中的致病菌、昆虫或昆虫卵，使饲料的卫生水平得到保证。同样配方的饲料，如经过高温灭菌后，鸡的发病率会明显下降。与药物防病相比，调质灭菌成本低，无药物残留，不污染环境，无副作用。在种鸡场，使用颗粒饲料是一种发展趋势。

(三)包装、运输与贮存

第一，饲料包装应完整，无漏洞，无污染和异味。包装的印刷油墨应无毒，不向内容物渗漏。

第二，运输作业应保持包装的完整性，防止污染。要使用专用运输工具，不应使用运输畜、禽等动物的车辆运输饲料，运输工具和装卸场地应定期消毒。

第三，饲料保存于通风、背光、阴凉的地方，饲料贮存场地不应使用化学灭鼠药和杀鸟剂。保存时间夏季不超过 10 天，其他季节不超过 30 天。

第五章 雏鸡的标准化饲养管理

雏鸡是指 0~8 周龄阶段的小鸡。这是蛋鸡生产过程中饲养管理和疫病防治的关键时期,对房舍要求保暖性能良好,要有加温设施,饲料营养浓度较高,免疫接种次数多。

一、雏鸡的生理特点与环境控制标准

(一)雏鸡的生理特点

育雏期是蛋鸡生产中比较难养的阶段。了解和掌握雏鸡的生理特点,对于采用科学的育雏方法、提高育雏效果极其重要。雏鸡的生理特点主要表现如下。

1. 体温调节能力差 雏鸡个体小,自身产热少,绒毛短,保温性能差;由于神经和内分泌系统发育尚不健全,对体热平衡的调节能力低。刚出壳的雏鸡体温比成鸡低 2℃~3℃,直到 10 日龄时才接近成鸡体温。体温调节能力到 3 周龄末才趋于完善。因此,育雏期要有加温设施,保证雏鸡正常生长发育所需的温度。

2. 代谢旺盛,生长迅速 雏鸡代谢旺盛,心跳和呼吸频率很快,需要鸡舍通风良好,保证新鲜空气的供应。雏鸡生长迅速,正常条件下 2 周龄、4 周龄和 6 周龄体重分别为初生重的 4 倍、8.3 倍和 15 倍。这就要求必须供给营养完善的配合饲料,创造有利的采食条件,适当增加饲喂次数和采食时间。由于生长快,对多种营养成分的需求量大,易造成某些营养素的缺乏,主要有维生素(如维生素 B_1,维生素 B_2,烟酸,叶酸等)和氨基酸(赖氨酸和蛋氨酸),长期缺乏会引起病症,要注意足量添加。

3. 消化能力弱 雏鸡消化道细短,容积小,每次的采食量少,食物通过消化道快;肌胃的研磨能力差;消化腺发育不完善,消化酶的分泌量少、活性低。因此,雏鸡饲喂要少吃多餐,增加饲喂次数。雏鸡饲粮的营养浓度应较高,粗纤维含量不能超过 5%,饲料的颗粒要适宜,必要时可在饲料中添加消化酶制剂。

4. 胆小、易惊、抗病力差 雏鸡胆小,异常的响动、陌生人进入鸡舍、光线的突然改变都会造成惊群,出现应激反应。生产中应创造安静的育雏环境,饲养人员不能随意更换。雏鸡免疫系统功能低下,对各种传染病的易感性较强,生产中要严格执行免疫接种程序和预防性投药,增强雏鸡的抗病力,防患于未然。

5. 自我保护能力差 雏鸡缺乏自我保护能力,老鼠、蛇、猫、狗、鹰都会对雏鸡造成伤害。雏鸡的躲避意识低,饲养管理过程中会出现踩死踩伤、压死砸伤、夹挂等意外的伤亡情况。

6. 群居性强 雏鸡模仿性强,喜欢大群生活,一块儿采食、饮水、活动和休息。因此,雏鸡适合大群高密度饲养,有利于保温。但是雏鸡对啄斗也具有模仿性,密度不能太大,防止啄癖的发生。

(二)雏鸡对环境条件的要求标准

雏鸡生长发育快,但身体弱小娇嫩,对外界环境条件变化的适应能力差,若环境条件稍有不适,就会发病死亡。因此,育雏的关键就是为雏鸡创造良好的环境条件,给予丰富的营养和精心的管理。

1. 温度控制标准 温度直接关系到雏鸡体温调节、运动、采食和饲料的消化吸收等。雏鸡体温调节能力差,温度低,很容易引起挤堆而造成伤亡。1 周龄以内育雏温度掌握在 33℃～35℃,以后每周下降 2℃ 左右,6 周龄降至 20℃～25℃。温度计水银球以悬挂在雏鸡背部的高度为宜,平养距垫料 5 厘米,笼养距底网 5 厘米。

温度计的读数只是一个参考值,实际生产中要看雏鸡的采食、饮水行为是否正常。如果雏鸡伸腿伸翅伸头,奔跑、跳跃、打斗,全身卧地舒展休息,呼吸均匀,羽毛丰满干净有光泽,证明温度适宜。雏鸡挤堆,发出轻声鸣叫,呆立不动,缩头,采食饮水减少,羽毛湿,站立不稳,说明温度偏低;温度过低会引起瘫痪或神经症状。雏鸡伸翅,张口喘气,饮水量增加,寻找低温处休息,往笼边缘跑,说明温度偏高,应立即进行降温,降温时注意温度下降幅度不宜太大。如果雏鸡往一侧拥挤,说明有贼风侵袭,应立即检查通风口处的挡风板是否错位,检查门窗是否未关闭或被风刮开,并采取相应措施保持舍内温度均衡。如果雏鸡的羽毛被水淋湿,即放到温暖处以 36℃ 温度烘干,可减少死亡。

育雏温度对 1～21 日龄的雏鸡至关重要,温度偏低会严重影响雏鸡的生长发育和健康,甚至导致死亡。防止温度偏低固然很重要,但是也应防止温度偏高,随日龄增大温度应逐渐下降。雏鸡的供温参考标准详见表 5-1。

表 5-1　雏鸡的供温参考标准

日　龄	供温标准(℃)	日　龄	供温标准(℃)
0～3	35～33	22～28	26～24
4～7	33～31	29～35	23～21
8～14	31～29	36～42	23～21
15～21	29～27		

　　育雏舍内温度应保持相对稳定,如果出现忽高忽低的情况则容易造成雏鸡感冒,抵抗力下降,引发其他疾病。育雏温度随季节、鸡种、饲养方式不同有所差异。高温育雏能较好地控制鸡白痢的发生,冬季能防止呼吸道疾病的发生。

　　2. 湿度控制标准　雏鸡从高湿度的出雏器转到育雏舍,要有个过渡期。第一周要求相对湿度为70%,第二周为65%,以后保持在60%即可。

　　育雏前期较高湿度有助于剩余卵黄的吸收,维持正常的羽毛生长和脱换。必要时需要在育雏舍内喷洒消毒液,既能够对环境消毒,又可以适当提高湿度。环境干燥易造成雏鸡脱水、饮水量增加而引起消化不良;干燥的环境中尘埃飞扬,可诱发呼吸道疾病。育雏后期需要采取防潮措施,如增加通风量、及时更换潮湿垫料、防止供水系统漏水等。

　　3. 通风控制标准　通风的目的主要是排出舍内污浊的空气,换进新鲜空气。另外,通过通风可有效降低舍内湿度。

　　雏鸡体温高,呼吸快,代谢功能旺盛,每千克体重每小时的耗氧量与二氧化碳的排放量约为家畜的2倍。此外,鸡排出的粪便还有20%～25%尚未被利用的有机物质,其中包括蛋白质,会分解产生大量的有害气体(氨和硫化氢)。若雏鸡长时间生活在有害气体含量高的环境中,会抑制雏鸡的生长发育,造成体弱多病,以至死亡。

育雏前期,应选择晴朗无风的中午进行开窗换气。第二周以后靠机械通风和自然通风相结合来实现空气交换,但应避免冷空气直接吹入,若气流的流向正对着鸡群则应该设置挡板,使其改变风向,以避免鸡群直接受冷风袭击。

舍内气流速度的大小取决于雏鸡的日龄和外界温度。育雏前期注意舍内气流速度要慢,后期可以适当提高气流速度;外界温度高可增大气流速度,外界温度低则应降低气流速度。育雏室内有害气体的控制标准为:氨气不超过 20 毫克/米^3,硫化氢不超过 10 毫克/米^3。实际工作中通风控制是否合适,应以工作人员进入育雏舍后不感觉刺鼻、刺眼为度。

4. 光照　光照对雏鸡的生长发育是十分重要的,它关系到雏鸡的采食、饮水、运动、休息,也关系到工作人员的管理操作和减少老鼠的活动。

育雏期的前 3 天,采用 24 小时光照制度,白天利用自然光,夜间补充光照的强度约为 50 勒,相当于每平方米 6～8 瓦白炽灯光照,便于雏鸡熟悉环境,找到采食、饮水位置,也有利于保温。4～7 日龄,每天光照 22 小时,8～21 日龄为 18 小时,22 日龄后每天光照 14 小时。光线强度也要逐渐减弱,2～8 周龄光照强度为 30～50 勒。育雏前期较长的光照时间有助于增加雏鸡的采食时间。

育雏舍内的光线分布要均匀,尤其是采用育雏笼的情况下,需要在四周墙壁靠 1 米高度的位置安装适量的灯泡,以保证下面 2 层笼内雏鸡能够接受合适的光照。

光的颜色以红色或弱的白炽光照为好,能有效防止啄癖发生。

5. 饲养密度　饲养密度的单位常用每平方米饲养雏鸡数

来表示。饲养密度对于雏鸡的正常生长和发育有很大的影响。在合理的饲养密度下,雏鸡采食正常,生长均匀一致。密度过大,生长发育不整齐,易感染疫病和发生啄癖,死亡率较高,对羽毛的生长也有不良影响。饲养密度大小与育雏方式有关,要根据鸡舍的构造、通风条件、饲养方式等具体情况灵活掌握。育雏期不同育雏方式雏鸡饲养密度可参照表 5-2。

表 5-2   不同育雏方式雏鸡饲养密度

地面平养		立体笼养		网上平养	
周　龄	密　度 (只/米²)	周　龄	密　度 (只/米²)	周　龄	密　度 (只/米²)
0～2	30～35	0～1	60	0～2	40～50
2～4	20～25	1～3	40	2～4	30～35
4～6	15～20	3～6	34	4～6	20～24
6～2	5～10	6～11	24	6～8	14～20
12～20	5	11～20	14	—	—

二、育雏前的准备工作

要养好雏鸡,首先要制定育雏计划,这是合理安排生产、提高生产效益的重要保证。育雏计划制定应考虑以下几方面。

(一)确定育雏时间

育雏时间决定了本批鸡的性成熟期和产蛋高峰期所处的时间。有 3 个方面的因素会影响育雏时间的确定。

1. 鸡群周转计划 对一个规模化鸡场而言,一年四季都要有更新鸡群。对于将要更新的鸡群应在鸡群淘汰前10~12周开始育雏。这样在鸡群淘汰、房舍清理消毒、设备维护后,本批雏鸡已达17周龄前后,可转群。

2. 市场蛋价变化规律 一年中不同季节蛋价变化较大,将鸡群产蛋高峰期安排在蛋价高的季节,会明显提高本批鸡的生产效益。根据产蛋规律在26周龄至45周龄期间鸡群产蛋量最高。根据对市场变化的分析,应在蛋价上涨之前25周或26周开始育雏。这对于农村养殖户是十分重要的。

3. 成年鸡舍的环境状况 我国多数的普通产蛋鸡舍冬季保温和夏季防暑性能不佳,尤以夏季高温的不良影响更为明显。开产期和产蛋高峰期不宜安排在一年中最热的月份,但对于防暑效果良好的鸡舍则无妨。

(二)确定育雏数量和品种的选择

育雏数量要根据成年鸡房舍面积而定,考虑育雏、育成成活率和合格率,雏鸡要比产蛋鸡笼位多养15%左右。避免盲目进雏,否则数量多密度大,设备不足,饲养管理不善将影响鸡群的发育,增加死亡率;数量太少会造成房舍、设备、人员的浪费,增加成本,经济效益低。

品种选择要根据市场需要来定,主要考虑蛋壳颜色、蛋重、适应性和种鸡场的管理水平。

(三)育雏舍的维修、清洗和消毒

每批雏鸡转出后,首先拆除所有设备,清除舍内的灰尘、粪渣、羽毛、垫料等杂物。然后用高压水龙头或清洗机冲洗。冲洗的先后顺序是:舍顶→墙壁→地面→下水道。清扫干净后,对排风口、进风口、门窗进行维修,以防止老鼠及其他动物进入鸡舍带入传染病。墙壁和地面可以用2%的氢氧化钠水溶液刷洗消毒,也可以用火焰消毒法杀死病原体和其他寄生虫。

清洗和维修育雏笼是必不可少的工作内容。首先将笼网上面的灰尘、粪渣、羽毛等清理干净,然后用水和刷子冲刷干净。承粪板清洗干净后要浸泡消毒。垫布也应清洗、浸泡、暴晒消毒后备用。最后维修损坏的笼网。此外,还要清洗和消毒料盘、料桶、料槽、饮水器、水槽及其他饲养用具。最后在舍内铺入垫料或装入平网、笼具,放置饮水和采食设备。接雏前1周对鸡舍设备进行熏蒸消毒。每立方米空间用福尔马林溶液42毫升,高锰酸钾21克,放入陶瓷盆中,密闭鸡舍48小时。

接雏前2天检查电路、通风系统和供温系统。打开电灯、电热装置和风机等,检查运转是否良好,如果发现异常情况则应认真检查维修,防止雏鸡进舍后发生意外。认真检查供电线路的接头,防止接头漏电和电线缠绕交叉发生短路引起火灾。

检查进风口处的挡风板和排风口处的百叶窗帘,清理灰尘和绒毛等杂物,保证通风设施的正常运转。

(四)育雏用品的准备

1. 饲料和垫料　准备雏鸡用全价配合饲料,雏鸡0～8周龄累积饲料消耗为每只1 700克左右。自己配合饲料要注意原料无污染,无霉变。饲料形状以小颗粒破碎料(鸡花料)最好。注意要在进雏前2天把饲料准备好。

垫料是指育雏舍内各种地面铺垫物的总称,用于地面平养的雏鸡。垫料要求干燥、清洁、柔软、吸水性强、灰尘少、无异味,切忌霉烂。可选的垫料有稻草、麦秸、碎玉米芯、锯木屑等。优质垫料对雏鸡腹部有保温作用。

2. 药品及添加剂 药品准备常用消毒药(百毒杀、威力碘、次氯酸钠等)、抗菌药物(预防白痢、大肠杆菌、霍乱等药物)和抗球虫药。添加剂有速溶多维、电解多维、口服补液盐、维生素 C、葡萄糖、益生素等。

3. 疫苗 主要有鸡新城疫疫苗、鸡传染性法氏囊炎疫苗、鸡传染性支气管炎疫苗、鸡痘疫苗等。

4. 其他用品 包括各种记录表格、温度计、连续注射器、滴管、刺种针、台秤、喷雾器等。

(五)育雏舍的试温和预温

育雏前准备工作的关键之一就是试温。至少提前 2 天检查维修火道后燃火升温,使舍内的最高温度升至 35℃。升温过程检查火道是否漏气。试温时温度计放置的位置:①育雏笼应放在中间层;②平面育雏应放置在距雏鸡背部相平的位置;③带保温箱的育雏笼在保温箱内和运动场上都应放置温度计测试。

三、雏鸡的选择和接运标准

(一)雏鸡的选择

选择健康的雏鸡是育雏成功的基础。由于种鸡的健康、营养和遗传等先天因素的影响及孵化、长途运输、出壳时间过长等后天因素的影响,初生雏中常出现有弱雏、畸形雏和残雏等需要淘汰。因此,选择健康雏鸡是育雏成功的首要工作。

1. 外观活力 健雏表现活泼好动,无畸形和伤残,反应灵敏,叫声响亮。用手轻拍运雏盒,雏鸡眼睛圆睁、站立者为健雏。伏地不动,没有反应的为弱雏。

2. 绒毛 健雏绒毛丰满有光泽,干净无污染。绒毛上有黏液、壳膜的为弱雏。

3. 手握感觉 健雏手握时,绒毛松软饱满,挣扎有力,触摸腹部大小适中,柔软有弹性。弱雏有腹部膨大松软或小而坚硬的表现。

4. 卵黄吸收和脐部愈合情况 健雏卵黄吸收良好,脐部愈合良好,表面干燥,上有绒毛覆盖。弱雏表现脐孔大,有脐钉,卵黄囊外露,无绒毛覆盖,腹部过大过小,脐部有血痂、黏液或有血线。

5. 体重 蛋鸡雏鸡出壳重应在 33~37 克,同一品种和批次的雏鸡大小均匀一致。

(二)雏鸡的运输标准化要求

即将初生雏从孵化场运输到育雏场所,这是一项重要的技术工作,稍有疏忽,就会造成很大的损失。因此,对初生雏的运输要特别注意迅速及时、舒适安全、清洁卫生这些基本原则。

1. 把握好运输时间 从保证雏鸡的健康和正常生长发育考虑,适宜的运输时间应在雏鸡羽毛干燥后运输,通常在出壳后 24 小时内,不迟于出壳 36 小时。此外,还应根据季节确定启运的时间。一般情况下,冬季和早春运雏应选择在中午前后气温相对较高的时间启运,要有保温设施。

2. 准备好运雏用具 运雏工具包括交通工具、运雏箱及防雨、保温等用具。雏鸡的运输方式依季节和路程远近而定。汽车运输时间安排比较自由，又可直接送达养鸡场，中途不必倒车，是最方便的运输方式。火车、飞机也是常用的运输方式，适合于长距离运输和夏、冬季运输，安全快速。但不能直接到达目的地。

运雏鸡选择专用的雏鸡箱，材料由硬纸或塑料制成，有整装式和折叠式，后者较为方便，占的空间小。没有专用箱的，也可以采用厚纸箱、木箱或筐子代替，但都要留有一定数量的通气孔，内铺 2～3 厘米厚的软垫料。冬季和早春运雏要带御寒用品，如棉被、毛毯等。夏季要带遮阳防雨用具。所有运雏用具或物品在运雏鸡前，均要进行严格消毒。

3. 携带证件　雏鸡运输的押运人员应携带检疫证、身份证、合格证和种畜禽生产经营许可证、路单以及有关的行车手续。

4. 运输要点　雏鸡的运输应防寒、防热、防闷、防压、防雨淋和防震荡。运输雏鸡的人员在出发前应准备好食品和饮用水，中途不能停留。远距离运输应有 2 个司机轮换开车。押运雏鸡的技术人员在汽车启动后 30 分钟检查车厢中心位置的雏鸡活动状态。如果雏鸡的精神状态良好，每隔 1～2 小时检查 1 次。检查间隔时间的长短应视实际情况而定。

四、进　雏

进雏时应将舍内的灯全部打开，用 60 瓦的灯泡。雏鸡接入育雏舍前把饮水器装水后放好，再按照每个笼内计划放置的雏鸡数量将雏鸡放入。如果饲养种鸡则应把公鸡和母鸡分开放置，对于白壳蛋鸡则需要先将母雏放进笼内，然后把公雏剪冠后放入另外的笼内,以免混淆。接雏后认真巡视鸡舍,观察雏鸡的精神状态,确定喂水、喂料时间。如果是多层笼养,先放置在中间 2 层,下边 1 层和上边 1 层暂时空闲。随着日龄的增加,减少饲养密度时再分散到下边 1 层和上边 1 层内。

五、育雏方式

(一)常用方式

1. 垫料地面散养 在育雏舍地面铺设 5~10 厘米厚垫料,整个育雏期雏鸡都生活在垫料上,育雏期结束后更换垫料。

这种饲养方式的优点:平时不清除粪便,不更换垫料,省工省时;冬季可以利用垫料发酵产热而提高舍温;雏鸡在垫料上活动量增加,啄癖发生率降低。缺点:雏鸡与粪便直接接触,球虫病发病率提高,其他传染病易流行。

垫料地面散养的供温设施主要为育雏伞和烟道,也可结合火炉供温。地面散养的关键在于垫料的管理,垫料应选择吸水性良好的原料,如锯木屑、稻壳、碎玉米芯、秸秆和泥炭等。平时要防止饮水器漏水而造成垫料潮湿、发霉。

2. 网上平养 网上平养适于温暖而潮湿的地区采用,采食、饮水均在网上完成。在舍内高出地面 60~70 厘米的地方装置金属网,也可用木板条或竹板条制作成栅状高床代替金属网。注意舍内要留有走道,便于饲养人员操作。网上平养的供温设施有火炉、育雏伞和红外线灯。这种方式是蛋鸡较理想的育雏方式。粪便落于网下,不与雏鸡接触,减少疫病发生率,成活率高。金属网孔直径为 20 毫米×80 毫米,育雏前期在网面上加铺一层菱形孔塑料网片,防止雏鸡落入网下。

3. 笼养　是目前采用最普遍的育雏方式。育雏笼为叠层式,多为 4 层,每层高度 330 毫米。两层笼间设置承粪板,间隙 50～70 毫米。笼养投资较大,但是饲养密度增大,便于管理,育雏效率高。笼养有专用电热育雏笼,也可以火炉供温。大型养鸡场可用热风炉供温,其效果最好。

(二)供温方法

育雏期间保持舍内适宜的温度是环境管理的关键内容,供温方法主要有如下 5 种。

1. 保温伞　也称保姆伞。是在伞形罩的下面装有电热板(或丝),并装有控温器用于调节伞下温度。保温伞可以悬吊在房梁上,以便调节其离地面的高度。有的保温伞可以折叠,便于非育雏期存放。使用保温伞要将伞周围用苇席或三合板围起来,让雏鸡在伞周围活动,一般伞下温度高,伞周围温度略低,离伞越远则温度越低。雏鸡可以根据需要自主选择。

保温伞适于垫料地面散养和网上平养育雏方式,也可与地下火道或火炉供温结合应用。

2. 地下火道供温　在育雏舍的一端设火炉,另一端设烟囱,舍内地下有数条火道将两者连接。烧火后热空气经过地下火道从烟囱排出,从而使舍内地面及靠近地面上的空气温度升高。这种供温方法适于各种育雏方式。

3. 红外线灯　利用红外线灯发射的红外线使其周围环境温度升高。一个功率为 250 瓦(W)的灯泡,可供 100～250 只雏鸡的供温用。灯泡距地面的高度可用吊绳调节,冬季为 35 厘米左右,夏季为 45 厘米左右。缺点是灯泡易损。也可选用红外板或棒供取暖用。

用红外线灯供温需与火炉或地下火道供温方法结合使用。在温度较高的条件下其效果才会更好。

4. 火炉 可用铸铁或铁皮火炉,用管道将煤烟排出舍外,以免舍内有害气体积聚。火炉供温可适于各种育雏方式。其缺点是舍内较脏,空气质量不佳。

5. 热风炉 热风炉设在房舍一端,经过加热的空气通过管道上的小孔散发进入舍内,空气温度可以自动调节。一般只在规模较大的房舍中使用。

此外,大规模鸡场也有采用集中供暖的,房舍内要装暖气片,通过阀门调节热水或热气流量控制舍温。

七、雏鸡的标准化饲养技术

(一)雏鸡的初饮与饮水管理

1. 初饮要求 初生雏鸡接入育雏舍后,第一次饮水称为初饮。雏鸡在高温的育雏条件下,很容易造成脱水。因此,初饮应在雏鸡接入育雏舍后尽早进行。初饮应安排在开食之前进行,对于无饮水行为的雏鸡应将其喙部浸入饮水器内以诱导其饮水。

初饮用水最好用凉开水,为了刺激饮欲,可在水中加入葡萄糖或蔗糖(浓度为 7% ~ 8%)。对于长途运输后的雏鸡,在饮水中要加入口服补液盐,有助于调节体液平衡。在饮水中加入速溶多维、电解多维、维生素 C 可以减轻应激反应,提高成活率。

2. 饮水管理 合理的饮水管理有助于促进剩余卵黄的吸收、胎粪的排出,有利于增进食欲和对饲料的消化吸收。

(1)保证良好的饮水质量 饮水要干净,在 10 日龄前最好饮用凉开水,以后可换用深井水或自来水。最初几天的饮水中,通常加入 0.01％的高锰酸钾,有消毒饮水和清洗胃肠、促进雏鸡胎粪排出的作用。

(2)保证充足的饮水供应 饮水器的数量要足够(表 5-3),在每日有光照的时间内尽可能保证饮水器中有水。一般情况下,雏鸡的饮水量是其采食量的 1～2 倍。需要密切注意的是:雏鸡饮水量的突然改变,往往是鸡群出现问题的征兆。若鸡群的饮水量突然增加,而且采食量减少,则可能是有球虫、传染性法氏囊炎等病发生了,或饲料中盐分含量过高等。雏鸡在各周龄日饮水量见表 5-4。

表 5-3 雏鸡的采食、饮水位置要求

雏鸡周龄	采食位置		饮水位置		
	料 槽 (厘米/只)	料 桶 (只/个)	水 槽 (厘米/只)	饮水器 (只/个)	乳头饮水器 (只/个)
0～2	3.5～5	45	1.2～1.5	60	10
3～4	5～6	40	1.5～1.7	50	10
5～6	6.5～7.5	30	1.8～2.2	45	8

注:料槽食盘直径为 40 厘米,饮水器水盘直径为 35 厘米

表 5-4 雏鸡的饮水量参考标准 (毫升/只·日)

周 龄	饮水量	周 龄	饮水量
1	12～25	5	55～70
2	25～40	6	65～80
3	40～50	7	75～90
4	45～60	8	85～100

（二）雏鸡的饲料与饲喂

1. 雏鸡的饲料　根据雏鸡的消化吸收特点，雏鸡对饲料的要求有 4 点。

（1）营养浓度要高　因为雏鸡的消化道短、容积小，每天采食的饲料量有限，如果提高饲料的营养浓度则有助于增加其每天的营养摄入量。

（2）颗粒大小要适中　雏鸡的胃对饲料的研磨能力差，一些饲料颗粒还没有被消化就被排出体外。所以，使用较小颗粒的饲料有利于消化。但是，饲料颗粒过小如粉状则不利于采食。

（3）减少消化率低的饲料原料用量　如菜籽粕、棉仁粕中蛋白质的含量和消化率都比豆粕低，羽毛粉和血粉中蛋白质的质量及消化率也显著低于鱼粉和肉粉。

（4）饲料要新鲜　雏鸡的饲料要新鲜，加工后的产品存放时间不宜超过 1 个月。不能使用发霉变质的饲料和饲料原料。

（5）蛋雏鸡的饲料配方示例

配方 1：玉米 62%，小麦麸 3.2%，豆粕 31%，磷酸氢钙1.3%，石粉 1.2%，食盐 0.3%，添加剂 1%。

配方 2：玉米 61.7%，小麦麸 4.5%，豆粕 24%，鱼粉 2%，菜籽粕 4%，磷酸氢钙 1.3%，石粉 1.2%，食盐 0.3%，添加剂1%。

配方 3：玉米 62.7%，小麦麸 4%，豆粕 25%，鱼粉 1.5%，菜籽粕 3%，磷酸氢钙 1.3%，石粉 1.2%，食盐 0.3%，添加剂1%。

2. 雏鸡的开食　雏鸡第一次喂食称为开食。开食时间一般掌握在出壳后 24～36 小时,初饮后 2～3 小时进行。开食不是越早越好,过早开食胃肠软弱,有损于消化器官。但是开食过晚有损体力,影响正常生长发育。当有 60%～70%雏鸡随意走动,有啄食行为时开食效果较好。

3. 雏鸡的饲喂 雏鸡采食有模仿性,一旦有几只学会采食,很短时间内全群都会采食。开食在一平面上进行,用专用开食盘或将料撒在纸张、蛋托上,3 天以后改用料盘或料槽。开食料最好用全价饲料,或者将玉米粉拌鸡蛋黄(每千克玉米粉拌 2 个熟鸡蛋黄),保证营养全面。

开始几天可以把饲料放在盘内让雏鸡采食。4 天后的雏鸡要逐步引导使用料桶或料槽,10 天后完全更换为料桶或料槽。每天至少要清洗 1 次喂料用具,必要时要进行消毒处理。尽量减少雏鸡踩进盘内并在盘内排粪,以减少饲料的污染。

由于饲料在消化道内停留时间短,雏鸡容易饥饿(尤其是10 日龄内的雏鸡),在饲喂时要注意少给勤添。每次喂料量以雏鸡在 30 分钟左右吃完为度,每次饲喂的间隔时间随雏鸡日龄而调整。前 3 天,每天饲喂 7 次,4～7 天每天饲喂 6 次,8～12 天每天饲喂 5 次,13 天以后每天饲喂 4 次。

为了促进采食和饮水,育雏的前 3 天,全天连续光照。这样有利于雏鸡对环境适应,找到采食和饮水的位置。

(三)促进雏鸡的早期增重

生产实践表明,5 周龄时雏鸡的体重对以后的生产性能有很大影响,体重相对较大的雏鸡在性成熟后的产蛋性能、成活率和饲料转化比都优于体重偏小的雏鸡。

促进雏鸡早期增重可以通过提高饲料营养水平、增加饲喂次数、促进采食、保持适宜的饲养密度、适当的运动、舒适的环境条件、严格的卫生防疫管理等措施来实现。

(四)雏鸡的体重与饲料消耗

在《鸡饲养标准》(NY/T 33—2004)中对于1～8周龄的蛋用雏鸡体重发育和饲料消耗提出了标准,见表5-5。在饲养实践中需要经常抽测雏鸡的体重,了解其发育情况并合理调整每周的饲料供给量。

表 5-5 生长蛋鸡体重与耗料量

周　龄	周末体重 (克/只)	耗料量 (克/只·周)	累计耗料量 (克/只)
1	70	84	84
2	130	119	203
3	200	154	357
4	275	189	546
5	360	224	770
6	445	259	1029
7	530	294	1323
8	615	329	1652

七、雏鸡的断喙与剪冠

(一)断　喙

蛋鸡的饲养期长,在笼养条件下很易发生啄癖(啄羽、啄肛、啄趾等),尤其在育成期和产蛋期,啄斗会造成鸡只的严重伤亡。另外,鸡在采食时常常用喙将饲料勾出料槽,造成饲料浪费。断喙是解决上述问题的有效途径,效果明显。但在放养条件下,无须断喙。

1. 断喙时间　断喙时间一般在 7～21 日龄进行。日龄早雏鸡太小喙太软,易再生,而且不易操作,对鸡的损伤大。断喙太晚出血较多,应激反应大。

2. 断喙方法　断喙要用专门的断喙器来完成,刀片温度在 800℃左右(颜色暗红色)。断喙长度上喙切去 1/2(喙端至鼻孔),下喙切去 1/3,断喙后雏鸡下喙略长于上喙。

3. 断喙操作要点　单手握雏,拇指压住鸡头顶,食指放在咽下并稍微用力,使雏鸡缩舌防止断掉舌尖。将头向下,后躯上抬,上喙断掉较下喙多。在切掉喙尖后,在刀片上灼烫 1.5～2 秒钟,有利于止血。

4. 断喙注意事项

第一,断喙器刀片应有足够的热度,切除部位掌握准确,确保一次完成。

第二,断喙前后 2 天应在雏鸡饲粮或饮水中添加维生素 K(2 毫克/千克)和复合维生素,有利于止血和减轻应激反应。

第三,断喙后立即供饮清水,1 周内料槽中饲料应有足够深度,避免采食时啄痛伤面。

第四,鸡群在非正常情况下(如疫苗接种,患病)不进行断喙。

第五,断喙时应注意观察鸡群,发现个别喙部出血的雏鸡要及时烧烫止血。

(二)剪　冠

饲养蛋种鸡的时候,需要对父本雏鸡剪冠。剪冠可使成年公鸡的鸡冠残留比较小,在采食和饮水的过程中头部更容易伸出笼外;冬季能够防止鸡冠被冻伤。对于父本和母本羽毛颜色一致的品种,通过剪冠还能够很容易地发现雌、雄鉴别错误的个体。

剪冠通常在 1 日龄进行,在雏鸡接入育雏舍后可立即进行,日龄大则容易出血。操作时用左手握雏鸡,拇指和食指固定雏鸡头部,右手持手术剪,在贴近头皮处将鸡冠剪掉,用消毒药水消毒即可。只要不伤及皮肤一般不会有较多出血。

八、雏鸡的日常管理要点

(一)检查各项环境条件控制是否得当

查看温度计并根据雏鸡的行为表现了解温度是否适宜;根据干、湿温度计读数确定湿度是否合适;根据饲养人员的鼻、眼感觉了解舍内空气质量是否合适;通过观察舍内各处的饲料、粪便、饮水、垫草等,了解光照强度和分布是否合理。检查过程中发现的问题要及时解决。

(二)合理饲喂

雏鸡胃肠容积小,消化能力弱,日常饲喂要做到"少给勤添",满足需求。15 日龄前每 3 小时饲喂 1 次,以后每 4 小时饲喂 1 次。开食在浅盘或硬纸上进行,3 日龄后换用小型料槽或料桶。经常观察雏鸡的采食情况(包括采食积极性、采食量、饲料有无抛撒、有无粪便污染)和饮水情况。

受污染的饲料必须及时清理掉,喂料用具要定期清洗和消毒。如果更换饲料则应有一个过渡过程,使雏鸡能够逐步适应。

(三)弱雏复壮

在集约化、高密度饲养条件下,尽管饲养管理条件完全一样,难免会造成个体间生长发育的不平衡而出现弱雏。适时进行强弱分群,可以保证雏鸡均匀发育,提高鸡群成活率。

1. 及时发现和隔离弱雏　饲养人员每天定时巡查育雏舍,发现弱雏及时挑拣出来放置到专门的弱雏笼(或圈)内。因为弱雏在大群内容易被踩踏、挤压,采食和饮水也受影响。如果不及时拣出很容易死亡。

2. 注意保温　弱雏笼(或圈)内的温度要比正常温度标准高出 1℃～2℃,这样有助于减少雏鸡的体温散失,促进康复。

3. 加强营养　对于挑拣出的弱雏不仅要供给足够的饲料,必要时还应该在饮水中添加适量的葡萄糖、复合维生素、口服补液盐等,增加营养的摄入。

4. 对症治疗　对于弱雏有必要通过合适途径给予抗生素进行预防和治疗疾病,以促进康复。对于有外伤的个体还应对伤口进行消毒处理。

(四)疫病预防

严格执行免疫接种程序,预防传染病的发生。每天早上要通过观察粪便了解雏鸡健康状况,主要看粪便的稀稠、形状、颜色等。每天及时清理粪便,刷洗饮水设备和消毒。按照种鸡场提供的免疫程序及时接种疫苗。对于一些肠道细菌性感染(如鸡白痢、大肠杆菌病和禽霍乱等)要定期进行药物预防。采取地面垫料育雏方式时,20 日龄前后要预防球虫病的发生。

通常情况下,育雏舍与周围要严格隔离,杜绝无关人员的靠近,尽可能减少育雏人员的外出。

(五)减少意外伤亡

1.防止野生动物伤害 雏鸡缺乏自卫能力,老鼠、鼬等都会对它们造成伤害。因此,育雏舍的密闭效果要好,任何缝隙和孔洞都要提前堵塞严实。雏鸡在运动场时要有人照管。猫、狗等不能接近雏鸡群。

2.减少挤压造成的死伤 舍温过低、受到惊吓都会引起雏鸡挤堆,造成下面的雏鸡死伤。

3.防止踩、压造成的伤亡 当饲养员进入雏鸡舍的时候,抬腿落脚要小心,以免踩着雏鸡,放料盆或料桶时避免压住雏鸡;工具放置要稳当、操作要小心,以免碰倒工具砸死雏鸡。

4.其他 笼养时防止雏鸡的腿脚被底网孔夹住、头颈被网片连接缝挂住等。

(六)做好记录

记录内容包括每日雏鸡死淘数、耗料量、温度、防疫情况、饲养管理措施和用药情况等,便于对育雏效果进行总结和分析。

第六章 育成期的标准化饲养管理

一、育成期生长发育特点与饲养方式

9周龄至开产期前(20周龄)的鸡称为育成鸡,也称为青年鸡。一般把9～13周龄阶段作为育成前期,14周龄以后作为育成后期。

(一)育成期蛋鸡的生长发育特点

1.消化系统发育健全,生长速度快 进入9周龄后,鸡的消化系统发育已经完善,采食量大,对饲料的消化能力提高。这一时期生长发育迅速,体重增加较快。尤其是在14周龄以前,是体重和骨架发育的最快时期。

2.生理功能发育健全,适应性增强 进入育成期后,鸡的各项生理功能发育趋于完善,自身调节能力大大提高,能够很好地适应环境条件的变化,所以在这个时期对环境条件的要求不像雏鸡阶段那样严格。

3.羽毛脱换,成年羽长成 雏鸡在5周龄前后完成第一次换羽,从7周龄开始进入第二次换羽,大约在17周龄完成换羽过程,长齐成年羽。

4.生殖系统发育 育成后期尽管体重仍在持续增长,但生殖器官(卵巢、输卵管)进入快速发育时期,生殖器官的发育对饲养管理条件的变化反应逐渐敏感,尤其是光照时间和饲料营养浓度。因此育成后期光照控制很关键,同时要限制饲养,防止体重超标和性成熟提前。

(二)培育目标

1. 群体发育均匀度高 实践证明,育成鸡发育整齐度越高,在性成熟后的生产性能越好。尤其是16或17周龄鸡群发育的整齐度是衡量育成鸡群培育效果的重要指标。这个时期鸡群内至少有80%的个体体重在平均标准体重±10%的范围内。

2. 体重发育适宜 性成熟时体重的大小会影响鸡群开产日龄的早晚、初期蛋重的大小、产蛋高峰持续时间和产蛋期的死淘率。在育成前期鸡的体重可以适当高于推荐标准,育成后期则控制在标准体重范围的中上限之间。体重小会明显影响鸡群的产蛋性能。有人统计发现,蛋鸡育成结束时的体重每小于标准体重50克,全期产蛋量要少6个左右。

3. 性成熟期控制适当 性成熟早会使早期蛋重偏小、脱肛发生较多、产蛋高峰持续时间短,产蛋期死淘率偏高。性成熟晚会缩短鸡群的产蛋时期,产蛋量也比正常少。一般在生产中于19～20周龄作为育成期向产蛋期转换的时间。

(三)育成鸡的饲养方式

1. 笼养 笼具有育雏育成笼、育成专用笼两种。育成笼为3层阶梯式,单笼饲养5～6只,每组饲养120～140只。房舍要求通风良好,地面干燥。要多开窗通风。

笼养优点:相同房舍饲养数量多;饲养管理方便;鸡体与粪便隔离,有利于疫病预防;免疫接种时抓鸡方便,不易惊群。笼养投资相对较大,每只鸡多投入2元左右,适合大规模集约化蛋鸡场采用。

2. 网上平养　在离地面 60～80 厘米高度设置平网。网上平养鸡体与粪便彻底隔离,育成率提高。平网所用材料有钢丝网、木板条、塑料网片和竹板条等,各地尽量选择当地便宜的材料,降低成本。网上平养适合中等数量养殖户采用,在舍内设网时要注意留有走道,便于饲喂和管理操作。饲养密度每平方米 12～16 只,每只平均需料槽长度 5～7 厘米。

3. 地面垫料平养　在舍内地面铺设厚垫料,料槽或料桶、饮水器均匀分布在舍内,鸡吃料和饮水的距离以不超过 3 米为宜。这种方式投资较小,而增加了鸡的运动量,适合小规模蛋鸡养殖户采用。缺点是鸡体与粪便接触,易患病,特别是增加了球虫病的发病率,生产中一定要进行药物预防。饲养密度每平方米 10～12 只。

地面垫料平养成败的关键是对垫料的管理。在选择垫料时,要求柔软、干燥、吸水性好。日常管理要防止垫料结块,饮水器不能漏水,还要经常翻动垫料,潮湿结块的垫料要及时更换。

二、育成期环境条件的控制标准

(一)光照控制

光照是育成期环境条件控制中非常重要的内容,它不仅影响到鸡群的采食、饮水、运动和休息,也直接影响到蛋鸡生殖系统的发育。

1. 光照时间控制

(1)固定短光照方案　在育成期内把每天的光照时间控制为 8～10 小时,或在育成前期(7～12 周龄)把每天光照时间控制为 10 小时,育成后期控制为 8 小时。这种方案在密闭鸡舍容易实施,在有窗鸡舍内使用的时候需要配备窗帘,在早晚进行遮光。

(2)逐渐缩短光照时间　一般在有窗鸡舍使用。育成初期(10 周龄前)每天光照时间 15 小时,以后逐渐缩短,16 周龄后控制在每天 10 小时以内。

2. 光照强度控制

育成期光照强度高会对生殖系统产生比较强的刺激作用,也容易引起啄癖。一般要求在育成期内光照强度不超过 50 勒,由于育成期主要是利用自然光照,因此常常需要在鸡舍南侧的窗户上设置遮光设施以降低舍内光照强度。

3. 育成后期增加光照时间的掌握

育成后期需要逐周递增光照时间以刺激鸡群生殖系统的发育,为产蛋做准备。加光时间需要考虑鸡群的周龄和发育情况。发育正常的鸡群可以在 18 周龄或 19 周龄开始增加光照,如果鸡体重偏低则应推迟 1～2 周增加光照。即便是鸡的发育偏快,增加光照时间不能早于 17 周龄。增加光照的措施,第一周在原来基础上增加 1 小时,第二周递增 40 分钟,以后逐周递增 20～30 分钟,在 26 周龄每天光照时间达到 16 小时,以后保持稳定。

(二)温度控制

1. 适宜温度　15℃～28℃的温度对于育成鸡是非常适宜的,这个温度范围有利于鸡的健康和生长发育,也有利于提高饲料转化率。需要注意的是冬季尽量使舍温不低于 10℃,夏季不超过 30℃。温度控制要注意相对的恒定,不能忽高忽低。

2. 育成初期的脱温　如果鸡群 8 周龄育雏结束时处于冬季的低温季节，需要认真做好脱温工作。至少在 10 周龄前，舍内温度不能低于 15℃。

(三)通风控制

1. 保证良好的空气质量　通风的目的是促进舍内外空气的交换，保持舍内良好的空气质量。由于鸡群生活过程中不断消耗氧气和排出二氧化碳，鸡粪被微生物分解后产生氨气和硫化氢气体，脱落的毛屑和空气中的粉尘都会在舍内积聚，不注意通风就会导致空气质量恶化而影响鸡只的健康。

2. 通风控制　无论采用任何通风方式，每天都要定时开启通风系统进行通风换气。要求在人员进入鸡舍后没有明显的刺鼻、刺眼等不舒适感。春、夏和秋季外界温度较高，可以打开门窗和风扇进行充分的通风换气。冬季由于气温低，通风时需要注意在进风口设置挡板，避免冷风直接吹到鸡身上。

(四)湿度控制

在蛋鸡育成期很少会出现舍内湿度偏低的问题，常见问题是湿度偏高。因此，需要通过合理通风、及时清除粪便、减少供水系统漏水等措施降低湿度。

三、育成鸡的标准化饲养要点

(一)育成鸡的饲料

1. 两阶段饲料的配制　在蛋鸡的育成期根据前期和后期鸡不同的生理特点和培育目标，所使用的饲料也有差异。一般前期饲料中粗饲料的使用量相对较少,饲料中的蛋白质、钙等营养素的浓度较高,分别达到 16% 和 1.2%。而后期饲料中粗饲料的使用较多,蛋白质和钙含量较低,分别为 14.5% 和 0.9%。如果后期饲料中蛋白质含量高则容易造成生殖器官发育较快,性成熟期提前;如果钙含量过高则易诱发肾脏尿酸盐的沉积,并易出现稀便。

目前,大多数饲料生产企业为了蛋鸡养殖户的使用方便,在育成期采用一段式饲料配制方法,其营养水平介于上述两阶段之间。

2. 青绿饲料的使用 平养的育成鸡每天可以使用适量的青绿饲料,一般在非喂料时间撒在运动场地面或网床上让鸡啄食。青绿饲料的用量可占配合饲料用量的 30%。

使用青绿饲料最好是多品种搭配。合理使用能够促进羽毛生长、减少啄癖。

3. 饲料配方示例

配方 1:玉米 61.4%,小麦麸 14%,豆粕 21%,磷酸氢钙 1.2%,石粉 1.1%,食盐 0.3%,添加剂 1%。

配方 2:玉米 60.4%,小麦麸 14%,豆粕 17%,鱼粉 1%,菜籽粕 4%,磷酸氢钙 1.2%,石粉 1.1%,食盐 0.3%,添加剂 1%。

配方 3:玉米 61.9%,小麦麸 12%,豆粕 15.5%,鱼粉 1%,菜籽粕 4%,棉籽粕 2%,磷酸氢钙 1.2%,石粉 1.1%,食盐 0.3%,添加剂 1%。

(二)标准化饲养管理

1. 饲喂次数 育成前期为了促进鸡的生长,每天饲喂 2~3 次;育成后期每天饲喂 1~2 次。一般是随周龄增大,饲喂次数减少。需要注意的是饲喂次数要根据鸡的发育情况和饲喂量及饲喂方式而定。体重和体格发育落后时可增加饲喂量和次数,体重发育偏快则减少饲喂量和次数。使用笼养方式,由于料槽容量小,每天可饲喂 2～3 次,采用平养方式使用料桶饲喂则每天可以饲喂 1 次。

2. 饲喂量控制标准　　饲喂量的控制目的是控制鸡的体重增长,可以参考表 6-1 的标准执行。但是,在实际生产中通常要根据育种公司提供的鸡体重发育和饲料饲喂量标准安排饲喂量。下面介绍罗曼褐商品代蛋鸡育雏育成期体重与耗料量标准(表 6-2),供参考。

表 6-1　育成期蛋鸡体重与耗料量参考标准

周　龄	周末体重 (克/只)	耗料量 (克/只)	累计耗料量 (克/只)
9	700	357	2009
10	785	385	2394
11	875	413	2807
12	965	441	3248
13	1055	469	3717
14	1145	497	4214
15	1235	525	4739
16	1325	546	5285
17	1415	567	5852
18	1505	588	6440
19	1595	609	7049
20	1670	630	7679

注:9 周龄开始结合光照进行限饲

表 6-2　罗曼褐商品代蛋鸡育雏育成期体重与饲喂量标准

周　龄	体　重 （克）	饲喂量 （克/只·周）	累计耗料量 （克/只）
1	72～78(75)	10	70
2	122～132(127)	17	189
3	182～198(190)	23	350
4	260～282(271)	29	553
5	341～370(356)	35	798
6	434～471(453)	39	1071
7	536～580(558)	43	1372
8	632～685(658)	47	1701
9	728～789(759)	51	2058
10	819～888(853)	55	2443
11	898～973(936)	59	2856
12	969～1050(1010)	62	3290
13	1030～1116(1073)	65	3745
14	1086～1176(1131)	68	4221
15	1136～1231(1184)	71	4718
16	1182～1280(1231)	74	5236
17	1230～1332(1281)	77	5775
18	1280～1387(1334)	80	6335
19	1339～1450(1395)	84	6923
20	1402～1518(1460)	88	7539

注:体重一列括号内为平均体重

3. 抽测体重以调整饲喂量　育成鸡每日喂料量的多少要根据鸡体重发育情况而定,每周或间隔 1 周称重 1 次(抽样比例为 10%),计算平均体重,与标准体重对比,确定下周的饲喂量。如果实际体重与标准体重相差幅度在 5%以内可以按照推荐饲喂量标准饲喂,如果低于或高于标准体重 5%,则下周饲喂量在标准饲喂量的基础上适当增减。

(三)饮水管理

饮水供应要充足,保证饮水设备内有足够的水。需要注意的是应该经常检查饮水设备内的水分布情况,防止缺水和漏水。

饮水质量要好,必须符合饮用水卫生标准。使用水槽和钟形饮水器时每天要刷洗,定期进行消毒处理。

四、提高育成鸡的发育均匀度

由于育成鸡的均匀度直接影响以后的产蛋性能,所以,提高均匀度就是育成鸡管理的关键环节。

(一)合理分群和调群

在育成鸡的饲养管理过程中,要根据体重进行合理分群,把体重过大和过小的分别集中放置在若干笼内或圈内,使不同区域内的鸡笼或小圈内鸡的体重相似。以后各周需要通过检查体重,及时调整。

(二)根据体重调整饲喂量

体重适中的鸡群按照标准饲喂量提供饲料。体重过大的鸡群则应该适当降低饲喂量标准,体重过小的则适当提高饲喂量标准。这样使大体重的鸡群生长速度减慢、小体重的鸡群体重生长加快,最终都与中等体重的鸡群相接近。

(三)保证均匀采食

只有保证所有鸡均匀采食,每天摄入的营养相近才能达到均匀度高的育成目标。由于在育成阶段一般都是采用限制饲喂的方法,绝大多数鸡每天都吃不饱,这就要求有足够的采食位置,而且投料时速度要快。这样才能使全群同时吃到饲料,平养时更应如此。

五、育成鸡的标准化管理

(一)补充断喙

在 7～10 周龄期间对第一次断喙效果不佳的个体进行补充断喙。用断喙器进行操作,要注意断喙长度合适,避免引起出血。补充断喙的时间不能晚于 12 周龄,否则会影响鸡的初产日龄和早期产蛋性能。注意事项与雏鸡阶段相同。

(二)转　群

三段制饲养方式,在一生中要进行两次转群。第一次转群在 8～9 周龄时进行,由育雏舍转入育成舍;第二次转群在 18～19 周龄时进行,由育成鸡舍转入产蛋鸡舍。两阶段饲养方式,只在 12～13 周龄转群 1 次,直接从育雏育成笼(舍)内转入产蛋鸡舍。经过转群后,鸡群进入一个洁净、无污染的新环境,对于预防传染病的发生具有重要意义。

1. 转群前的准备　转群前应对新鸡舍进行彻底的清扫消毒,准备转群后所需笼具等饲养设备并调试。做好人员的安排,使转群在短时间内顺利完成。另外,还要准备转群所需的捉鸡、装鸡、运鸡用具,并经严格消毒处理。

2. 转群时间安排 为了减少对鸡群的惊扰,转群要求在光线较暗的时候进行。傍晚天空具有微光,这时转群鸡较安静,而且便于操作。夜里转群,舍内应有小功率灯泡照明,提鸡时能看清舍内情况。

3. 转群注意事项

第一,减少鸡只伤残。捉鸡时应提鸡的双腿,不要只提单腿或鸡脖、单侧翅膀。每次捉鸡不宜过多,每只手 1～2 只。从笼中提出或放入笼中时,动作要轻,最好 2 人配合,防止挂伤鸡皮肤。装笼运输时,不能过分拥挤。

第二,笼养育成鸡转入产蛋鸡舍时,应注意来自同层的鸡最好转入相同的笼层,避免造成大的应激。

第三,转群时将发育良好、中等和迟缓的鸡分栏或分笼饲养。对发育迟缓的鸡应放置在环境条件较好的位置(如上层笼),加强饲养管理,促进其发育。

第四,结合转群可将部分发育不良、畸形个体淘汰,降低饲养成本。

第五,转群前在饲料或饮水中加入镇静剂(如安定)和维生素 C,可使鸡群安静和减轻应激。另外,结合转群进行疫苗接种,以免增加应激次数。

(三)鸡的选留

在育成后期,要根据鸡的体格和体质发育情况进行选留。淘汰那些有畸形、过肥、过于瘦小、体质太弱的个体。因为,这样的鸡在将来也不会有好的产蛋效果。一般淘汰率为 5% 左右。许多养鸡户在养殖过程中舍不得淘汰这样的个体,往往会影响以后鸡群的产蛋性能。

(四)生产记录

做好生产记录是建立生产档案、总结生产经验教训、改进饲养管理效果的基础。每天要记录鸡群的数量变动情况(死亡数、淘汰数、出售数、转出数等)、饲料情况(饲料类型、变更情况、每天总耗料量、平均耗料量)、卫生防疫情况(药物和疫苗名称、使用时间、剂量、生产单位、使用方法、抗体监测结果)和其他情况(体重抽测结果、调群、环境条件变化、人员调整等)。

(五)卫生防疫

1. 隔离与消毒　减少无关人员进入鸡舍,工作人员进入鸡舍必须经过更衣消毒。定期对鸡舍内外消毒。每天清扫鸡舍内环境。

2. 疫苗接种和驱虫　育成期防疫接种的传染病主要有新城疫、鸡痘、传染性支气管炎等。具体时间和方法见鸡病防治部分。地面平养的鸡群要定期驱虫,驱虫药有左旋咪唑、丙硫苯咪唑等。

3. 病死鸡和鸡粪、污水的处理　生产过程中出现的病死鸡要定点放置,由兽医在指定的地点进行检查。病死鸡必须经过消毒后深埋,不能出售和食用。

鸡粪要定点堆放,进行堆积发酵处理。污水集中排放,不能到处流淌。

六、预产期的饲养管理

预产阶段是指 18～22 周龄的时期,跨越育成末期和产蛋初期。在生产上这个时期是鸡病死率比较高的时期,其饲养管理方法也是对后期产蛋性能影响比较大的阶段。

(一)预产阶段鸡的生理特点

1. 生殖器官快速发育　进入 14 周龄后卵巢和输卵管的体积、重量开始出现较快的增加,17 周龄后其增长速度更快,19 周龄时大部分鸡的生殖系统发育接近成熟。发育正常的母鸡 14 周龄时的卵巢重量约 4 克,18 周龄时达到 25 克以上,22 周龄能够达到 50 克以上。

2. 骨钙沉积加快　在 18～20 周龄期间骨的重量增加 15～20 克,其中有 4～5 克为髓质钙。髓质钙是接近性成熟的雌性家禽所特有的,存在于长骨的骨腔内,在蛋壳形成的过程中,可分解将钙离子释放到血液中用于形成蛋壳,白天在非蛋壳形成期采食饲料后又可合成。髓质钙沉积不足,则产蛋高峰期常诱发笼养鸡产蛋疲劳综合征等问题。

3. 体重快速增加　在 18～22 周龄期间,平均每只鸡体重增加 350 克左右,这一时期体重的增加对以后产蛋高峰持续期的维持是十分关键的。体重增加少会表现为高峰持续期短,高峰后死淘率上升。体重增加过多则可能造成腹腔脂肪沉积偏多,也不利于高产。

4. 自身生理出现的变化

(1)内分泌功能的变化　18 周龄前后鸡体内的促卵泡素(FSH)、促黄体素(LH)开始大量分泌,刺激卵泡生长,使卵巢的重量和体积迅速增大。同时大、中卵泡中又分泌大量的雌激素、孕激素,刺激输卵管生长、耻骨间距扩大、肛门松弛等,为产蛋做准备。

(2)内脏器官的变化 除生殖器官快速发育外,心脏、肝脏的重量也明显增加,消化器官的体积和重量增加得比较缓慢。

(3)法氏囊的变化 法氏囊是鸡重要的免疫器官,在育雏育成阶段对抗病能力起很大作用。但是,在接近性成熟时由于雌激素的影响而逐渐萎缩,开产后消失,其免疫作用也消失。

(二)预产期环境条件控制

1.温度 鸡群最适宜的温度是 13℃～28℃,应尽量把温度保持在这个范围内。

2.湿度 保持在 60%左右即可。

3.通风 保持良好的空气质量,以人员进入鸡舍后无不良感觉为准。

4.光照 参考育成期光照管理要求。光照的增加幅度不宜太大,否则会诱发鸡群在初产时的脱肛。

(三)饲养管理要求

1.转群上笼

(1)入笼日龄 在蛋鸡见蛋前 15 天左右上笼,让新母鸡在开产前有一段时间熟悉和适应环境,形成和睦的群序,并有充足时间进行免疫接种和其他工作。如上笼过晚,会推迟开产时间,影响产蛋率上升;已开产的母鸡由于受到转群等应激也可能停产,甚至有的鸡会造成卵黄性腹膜炎,增加死淘率。

（2）选择淘汰　入笼时要按品种要求剔除体格过小、瘦弱鸡和无饲养价值的残鸡，选留精神活泼、体质健壮、体重适宜的优质鸡。

（3）分类入笼　分类入笼时把较小的和较大的鸡留下来，分别装在不同的笼内，采取特殊措施加强管理，促使其体重和体格趋于均匀整齐。例如，小鸡装在温度较高、阳光充足的南侧中层笼内，适当增加营养，促进其生长发育；过大鸡则应适当限饲。

（4）保证采食量　开产前，恢复鸡群的自由采食，保证营养均衡，促进产蛋率上升。

（5）保证饮水量　开产时，鸡体代谢旺盛，需水量大，要保证充足的饮水。饮水不足，会影响产蛋率上升，并会出现较多的脱肛。

（6）缓解应激　水和饲料中加入维生素 C 和多种维生素等抗应激药物。

2. 采用预产期饲料　为了适应鸡只体重、生殖器官的生长和髓质钙的沉积需要，在 18 周龄就应使用预产期饲料。预产期饲料中粗蛋白质的含量为 15.5%～16.5%，钙含量为 2.2%左右，复合维生素的添加量应与产蛋鸡饲料相同或略高。饲料能量水平为 11.6 兆焦/千克左右。当产蛋率达 10%时换用产蛋期饲料。

3. 饲喂要求　预产阶段鸡的采食量明显增大，而且要逐渐适应产蛋期的饲喂要求，日饲喂次数可确定为 2 次或 3 次。日饲喂 3 次时，第一次喂料应在早上光照开始后 2 小时进行，最后一次在晚上光照停止前 3 小时进行，中间加 1 次。喂料量以早、晚 2 次为主。此阶段饲料的饲喂量应适当控制，防止营养过多而导致脱肛鸡的出现。饮水要求充足、洁净。

4. 加强疫病防疫工作

（1）免疫接种 根据免疫计划在 17～19 周龄期间，需要接种新城疫和传染性支气管炎二联疫苗、减蛋综合征疫苗、传染性喉气管炎疫苗和禽痘疫苗。本阶段免疫接种效果对产蛋期间鸡群的健康影响很大。

（2）合理使用抗菌药物 定期通过饮水或饲料添加适量的抗生素以提高抗病能力，如氟哌酸、环丙沙星、庆大霉素等，17 周龄和 19 周龄各用药 3 天，以预防大肠杆菌病、禽霍乱、沙门氏菌病、肠炎等。

（3）坚持严格的消毒 按照要求定期进行带鸡消毒和舍外环境消毒，生产工具也应定期消毒。保持良好的环境卫生，舍内走道、鸡舍门口，要每天清扫，窗户、灯泡应根据情况及时擦拭。粪便、垃圾按要求清运、堆放。

第七章 产蛋期的标准化饲养管理

一、产蛋鸡的饲养目标和生产标准

(一)产蛋鸡的饲养目标

产蛋鸡的饲养目标是为了获得更多的商品鸡蛋。因此，在产蛋期间提高蛋鸡的产蛋率、饲料转化率、存活率、总产蛋量，降低鸡的死淘率和蛋的破损率是主要的生产目标。

(二)产蛋规律

蛋鸡开产后产蛋率和蛋重的变化具有一定的规律性，饲养管理中应注意观察和利用这一规律性，采取相应措施，提高产蛋量。

1. 始产期(20～24 周龄) 从初产到产蛋率达 70％以上这一阶段。始产期内产蛋规律性不强，同一个体产蛋间隔较长；各种畸形蛋、双黄蛋、软壳蛋比例较大，平均蛋重较小，种蛋受精率和孵化率偏低，多数蛋不适合孵化用。

始产期产蛋率上升幅度较快，体重也有较快地增加。对这个时期产蛋率上升幅度影响较大的因素包括鸡群育雏期发育不良，体质较差，饲养管理不当，育成期群体均匀度低等。

2. 主产期(25～58 周龄) 从 25 周龄开始，产蛋率稳步上升，此期间鸡群的平均产蛋率应在 85％以上。在 27 周龄前后可达到最高产蛋率 90％以上，90％以上的高峰产蛋率维持时间 8~16 周。主产期产蛋规律较为稳定,蛋重变化不大,蛋壳质量稳定。

对于高峰产蛋期持续时间的长短在不同的养鸡场(户)会有较大的差别,短的可能仅有 1~3 周,长的能够持续 20 周左右。其影响因素比较多,如饲料的质量与稳定性、鸡群的健康状况、环境条件控制是否得当、饮水管理是否合理、饲养管理人员的责任心和技术素质等。

饲养管理上的任何失误都会造成产蛋率的下降,而且在消除这种影响因素后也不容易恢复到原有的产蛋水平。

3. 终产期(59 ~72 周龄) 59 周龄以后,随着产蛋率的下降,蛋重逐渐增大,蛋壳品质有所下降,到 72 周龄时,产蛋率下降到 50%~55%,一个产蛋年结束。这时的鸡可以淘汰或经过强制换羽后再利用一个阶段。

(三)生产标准

1. 产蛋率

入舍母鸡产蛋率＝
　　某时期内产蛋总数÷入舍鸡数×该时期天数

饲养只日产蛋率＝某时期内产蛋总数÷该时期饲养只日

2. 平均蛋重 40 周龄期间,连续 3 天蛋重的平均值。

3. 部分蛋鸡产蛋性能推荐标准 这些标准是育种公司在特定条件下经过测定取得的结果,由于受各种条件的影响,在实际生产中鸡群的生产水平与本标准可能存在一定差距,包括超出和偏低。如果低于标准较多则说明生产中存在比较明显的问题,需要及时检查和纠正(表 6-3 和表 6-4)。

表 6-3　伊萨巴布考克 B-380 商品代蛋鸡产蛋性能标准

周　龄	存活率（%）	存栏鸡产蛋率(%)	入舍鸡平均产蛋数(个)		蛋　重（克）	累计蛋总重（千克）
			每　周	累　计		
19	100	10.0	0.70	0.7	46	0.032
20	99.9	40.0	2.80	3.5	48	0.166
21	99.8	75.0	5.24	8.7	50	0.428
22	99.7	88.0	6.14	14.9	52	0.748
23	99.6	91.0	6.34	21.2	54	1.090
24	99.5	92.0	6.41	27.6	55.5	1.446
25	99.4	93.0	6.47	34.1	57	1.815
26	99.3	93.0	6.46	40.6	58	2.190
27	99.2	93.0	6.46	47.0	59	2.571
28	99.1	93.0	6.45	53.5	59.5	2.955
29	99.0	93.0	6.44	59.9	59.9	3.341
30	98.9	93.0	6.44	66.4	60.0	3.730
31	98.8	92.9	6.42	72.8	60.6	4.130
32	98.7	92.8	6.41	79.2	61.0	4.510
33	98.5	92.7	6.39	85.6	61.3	4.902
34	98.4	92.6	6.38	92.0	61.5	5.295
35	98.3	92.4	6.36	98.3	61.7	5.687
36	98.2	92.2	6.34	104.7	61.9	6.080
37	98.1	92.0	6.32	111.0	62.1	6.437
38	98.0	91.8	6.30	117.3	62.3	6.865
39	97.8	91.5	6.26	123.5	62.5	7.257
40	97.7	91.0	6.22	129.8	62.7	7.647
41	97.6	80.5	6.18	135.9	62.9	8.037

周　龄	存活率（%）	存栏鸡产蛋率（%）	入舍鸡平均产蛋数（个）		蛋　重（克）	累计蛋总重（千克）
			每　周	累　计		
42	97.4	90.0	6.14	142.1	63.1	8.424
43	97.3	89.5	6.10	148.2	63.2	8.810
44	97.2	89.0	6.06	154.2	63.3	9.183
45	97.0	88.5	6.01	160.2	63.4	9.575
46	96.9	88.0	5.97	166.2	63.5	9.954
47	96.8	87.5	5.93	172.1	63.6	10.332
48	96.7	87.0	5.89	178.0	63.7	10.707
49	96.5	86.5	5.84	183.9	63.8	11.080
50	96.4	86.0	5.80	189.7	63.9	11.451
51	96.3	85.5	5.76	195.4	64.0	11.821
52	96.1	85.0	5.72	201.2	64.1	12.188
53	96.0	84.5	5.68	206.8	64.2	12.553
54	95.9	84.0	5.68	212.4	64.2	12.916
55	95.7	83.5	5.59	218.1	64.4	13.276
56	95.6	83.0	5.55	223.6	64.5	13.635
57	95.5	82.5	5.52	229.1	64.6	13.992
58	95.3	82.0	5.47	234.6	64.7	14.346
59	95.2	81.5	5.43	240.0	64.8	14.699
60	95.0	81.0	5.39	245.4	64.9	15.049
61	94.9	80.5	5.35	250.8	64.9	15.397
62	94.8	80.0	5.31	256.1	65.0	15.742
63	94.7	79.5	5.27	261.4	65.0	16.085
64	94.5	79.0	5.23	266.6	65.1	16.426

周　龄	存活率（%）	存栏鸡产蛋率(%)	入舍鸡平均产蛋数(个)		蛋　重（克）	累计蛋总重（千克）
			每　周	累　计		
65	94.4	78.5	5.19	271.8	65.1	16.764
66	94.3	78.0	5.15	276.9	65.2	17.101
67	94.2	77.5	5.11	282.0	65.2	17.434
68	94.0	77.0	5.07	287.1	65.3	17.766
69	93.9	76.5	5.03	292.1	65.3	18.095
70	93.8	76	4.99	297.1	65.4	18.422

表 6-4　罗曼褐商品代蛋鸡产蛋性能标准

周　龄	存栏鸡产蛋率(%)	入舍鸡累计产蛋数(个)	平均蛋重（克）	入舍鸡累计产蛋重(千克)
19	10.0	0.7	44.3	0.03
20	26.0	2.5	46.8	0.12
21	44.0	5.6	49.3	0.27
22	59.1	9.7	51.7	0.48
23	72.1	14.8	53.9	0.75
24	85.2	20.7	55.7	1.08
25	90.3	27.0	57.0	1.44
26	91.8	33.4	58.0	1.82
27	92.4	39.9	58.8	2.19
28	92.9	46.3	59.5	2.58
29	93.5	52.9	60.1	2.97
30	93.5	59.4	60.5	3.36
31	93.5	65.8	60.8	3.76

周 龄	存栏鸡 产蛋率(%)	入舍鸡累计 产蛋数(个)	平均蛋重 (克)	入舍鸡累计产 蛋重(千克)
32	93.4	72.3	61.1	4.15
33	93.3	78.8	61.4	4.55
34	93.2	85.3	61.7	4.95
35	93.1	91.7	62.0	5.35
36	93.0	98.2	62.3	5.75
37	92.8	104.6	62.3	6.15
38	92.6	111.0	62.6	6.55
39	92.4	117.3	62.8	6.95
40	92.2	123.7	63.0	7.35
41	92.0	130.0	63.2	7.55
42	91.6	136.3	63.4	8.15
43	91.3	142.6	63.6	8.55
44	90.9	148.8	63.8	8.95
45	90.5	155.0	64.0	9.35
46	90.1	161.2	64.2	9.74
47	89.6	167.3	64.4	10.14
48	89.0	173.4	64.6	10.53
49	88.5	179.4	64.8	10.92
50	88.0	185.4	64.9	11.31
51	87.6	191.4	65.0	11.70
52	87.0	197.3	65.1	12.08
53	86.4	203.2	65.2	12.46
54	85.8	209.0	65.3	12.84

周　龄	存栏鸡产蛋率(%)	入舍鸡累计产蛋数(个)	平均蛋重(克)	入舍鸡累计产蛋重(千克)
55	85.2	214.7	65.4	13.22
56	84.6	220.4	65.5	13.59
57	84.0	226.1	65.6	13.97
58	83.4	231.7	65.7	14.33
59	82.8	237.3	65.8	14.70
60	82.2	242.8	65.9	15.06
61	81.5	248.3	66.0	15.42
62	80.8	253.7	66.1	15.78
63	80.1	259.0	66.2	16.14
64	79.4	264.3	66.3	16.49
65	78.7	269.5	66.4	16.83
66	77.9	274.7	66.5	17.18
67	77.2	279.8	66.6	17.52
68	76.5	284.9	66.7	17.86
69	75.7	289.9	66.8	18.19
70	74.8	294.9	66.9	18.52

二、蛋鸡的饲料

(一)分阶段配合饲料

根据蛋鸡的产蛋规律和各个时期鸡的生理特点,适当调整鸡的饲料营养水平,以保证最佳的产蛋性能。生产上一般按两阶段配合饲料。通常是以45周龄为分界线,之前为产蛋前期、之后为产蛋后期。前期饲料的营养浓度比较高、后期略低。

饲料营养水平必须保证每天蛋鸡的营养素摄入量,见表6-5。

表6-5 伊萨巴布考克 B-380 商品蛋鸡每日主要营养素摄入量标准

营养成分	单位(每天每只)	开产至45周龄前	45周龄以后
粗蛋白质	克	21.0	20.0
赖氨酸	毫 克	930	900
蛋氨酸	毫 克	450	400
蛋氨酸和胱氨酸	毫 克	790	700
色氨酸	毫 克	200	190
异亮氨酸	毫 克	730	695
苏氨酸	毫 克	620	590
亚油酸	克	1.6(最少)	1.8(最大)
有效磷	克	0.42	0.38
钙	克	3.8~4.2	4.2~4.6
钠(最少)	毫 克	180	180
氯(最少/最多)	毫 克	170/200	170/200

注:饲养标准配制的饲料,每只产蛋鸡每天的耗料量在110~120克之间。实际生产中的用量,会略高于这个标准

(二)保证良好而稳定的饲料质量

产蛋期鸡的饲料营养水平要符合相应育种公司提供的饲养标准,保证鸡每天采食足够的营养。不能使用发霉变质的饲料原料,含有抗营养因子或毒素的饲料原料要控制其使用

量(如棉籽粕、菜籽粕、花生粕等)。

饲料要相对稳定(包括其中主要的饲料原料、饲料形状、颜色等),如果随意变换饲料则可能会影响产蛋性能。饲料的变换要有一个过渡期,通常不少于 5 天,以便让鸡能够逐渐适应。

饲料质量要有保证,购买的浓缩饲料的保存期一般不要超过 2 个月。发霉结块的饲料坚决不要使用。

三、笼养蛋鸡的饲养管理

笼养是目前蛋鸡饲养的主要方式。采用这种方式饲养的蛋鸡,整个饲养过程都在鸡舍内,受外界环境条件变化的影响比较小。但是,由于鸡不接触地面,运动量小,对饲料和饲养技术的要求也更高。

(一)笼养蛋鸡的环境控制

1. 温度控制 蛋鸡生产的最适宜温度为 15℃～25℃,在这个温度范围内鸡的产蛋量、饲料转化率和健康状况都能够保持在良好状态。温度低于 15℃饲料转化率下降,低于 10℃不仅影响饲料转化率,还影响产蛋率;高于 25℃蛋重降低,超过 30℃则出现热应激,产蛋性能受严重影响,甚至出现中暑。

在生产上注意预防夏季的高温和冬季的严寒对鸡群造成的不良影响。注意天气预报,一旦将出现恶劣气候,要提前做好防范工作。

2. 光照控制 参照育成鸡群的光照时间增加方案,在产蛋初期随产蛋率的增加光照时间也在增加,26 周龄鸡群产蛋率达到高峰,光照时间也应该达到每天 16 小时并保持稳定。

在鸡群淘汰前 5 周可以将每天的光照时间延长至 17 小时。

每天开关灯的时间要相对固定,光照时间也不能忽短忽长。遇到停电要用其他照明设备为鸡群提供照明。

要保证鸡舍内的光照强度,至少为 30 勒,工作人员在鸡舍内应该能够清楚地观察到饲料、饮水情况和鸡群的精神状态。靠南侧的窗户有必要进行适当的遮光,以免光线过强而诱发鸡的啄癖。鸡舍内的灯泡要在白天关闭电源后,用软抹布擦拭,以保证其亮度;损坏的灯泡要及时更换。

3. 通风换气 产蛋鸡舍要保持良好的空气质量,氨气、硫化氢的含量不能超标,良好的空气质量主要通过人员的感官感受来衡量,要求鸡舍内没有明显的刺鼻、刺眼等不舒适感。

保持空气质量需要及时更新鸡舍空气,无论任何季节都需要适当通风。冬季低温情况下通风需要注意避免舍温的大幅度下降,防止冷空气直接吹到鸡身上,一般在白天温度较高的时候多开几个窗户或风扇,夜间少开几个窗户和风扇。

(二)饲喂与饮水要求

1. 饲喂要求

(1)饲喂原则 产蛋前期(性成熟后至产蛋高峰结束)要自由采食,促进采食,使鸡只每天能够摄入足够的营养,保证高产需要。产蛋后期适当控制饲喂,根据产蛋率变化情况将采食量控制为自由采食的 90%～95%,以免造成母鸡过肥和饲料浪费。

(2)饲喂次数 产蛋期一般每天饲喂 3 次,这样既能够刺激鸡的食欲,又能够使每次添加的饲料量不超过料槽深度的 1/3,有助于减少饲料浪费。第一次饲喂在早晨开灯后 1 小时内,最后一次在晚上关灯前 3.5～4 小时,中午饲喂 1 次。

（3）匀料　每次添加饲料时要尽量添加均匀,当鸡群采食20分钟后用小木片将料槽内的饲料拨匀。对于饲料堆积的地方要注意观察鸡的精神状态和笼具有无变形。

2. 饮水要求

（1）饮水供应方式　目前,在笼养蛋鸡生产中采用最多的供水方式是乳头式饮水器,其次为水槽。乳头式饮水器的使用效果比较好,能够节约用水、减少水的污染、降低粪便中的含水量和鸡舍内的湿度。

（2）饮水量　一般情况下鸡的饮水量是采食量的2～3倍（表6-6）,由于鸡的唾液腺不发达,采食时唾液分泌少,因此每啄食几口饲料就需要饮1次水。饮水供应不足会影响采食量。要求在有光照的时间内,供水系统内必须有足够的水。如果需要停止供水,则不能超过2小时。

表6-6　产蛋鸡每天耗水量

舍　温（℃）	耗水量（毫升/只日）
15～21	225～245
21～27	245～345
27～33	345～600

（3）饮水质量　饮水质量要符合饮用水的卫生标准。供水系统必须定期清洗消毒,防止藻类孳生。饮水也需要定期进行消毒处理。由于饮水中矿物质含量高而影响鸡的产蛋量、蛋壳质量和健康的情况在生产中经常发生。

（4）供水管理　无论采用哪种供水方式,都要保证方便于鸡群的饮水,各处水的供应均衡,能够减少水的抛洒和泄漏,供水设备的安装位置不影响笼门的打开和关闭。

(三)产蛋前期的饲养管理

1. 适时转群 根据育成鸡的体重发育情况,在 17～18 周龄由育成鸡舍转入产蛋鸡舍。转群前,要对产蛋鸡舍进行彻底的清扫消毒,准备好饲养、产蛋设备。结合转群进行开产前先后多次疫苗接种,包括鸡新城疫Ⅰ系疫苗 2 倍量肌内注射,同时肌内注射鸡新城疫、鸡传染性支气管炎、鸡减蛋综合征三联油苗;鸡传染性喉气管炎和禽痘二联苗;必要时还要接种禽流感疫苗。

2. 更换饲料 转入产蛋鸡舍后,当产蛋率达到 5% 时,要及时将预产阶段饲料更换为产蛋前期饲料,提高饲料的营养浓度(粗蛋白质含量要求为 16.5%),增加饲料中钙的含量,达到 3%～3.5%。这样既可以满足产蛋的需求,同时满足体重增加的营养需要。

3. 监测体重增长 开产后体重的变化要符合要求,否则全期的产蛋会受到影响。在产蛋率达到 5% 以后,至少每 2 周称重 1 次。体重过重或过轻都要设法弥补。

(四)产蛋高峰期的饲养管理

1. 维持相对稳定的饲养环境 蛋鸡产蛋最适宜的环境温度为 13℃～25℃,低于 10℃ 或高于 30℃,会引起产蛋率的下降。鸡舍的相对湿度控制在 65% 左右,主要是防止舍内潮湿。鸡舍要注意做好通风换气工作,保证新鲜空气的供应,排除有害气体。产蛋期光照要维持 16 小时的恒定光照,不能随意增减光照时间,尤其是减少光照,每天要定时开灯、关灯,保证电力供应。

2. 更换饲料 当产蛋率上升到 30% 以后,要更换产蛋高峰期饲料,粗蛋白质浓度达到 17%～18%。选择使用优质的饲料原料,如鱼粉、豆粕,减少菜籽粕、棉籽粕等杂粕的用量,增加多种维生素的添加量。

3. 减少应激 进入产蛋高峰期,一旦受到外界的不良刺激(如异常的响动、饲养人员的更换、饲料的突然改变、断水断料、停电、疫苗接种),就会出现惊群,发生应激反应。后果是采食量下降,产蛋率同时下降。在日常管理中,要坚持固定的工作程序,各种操作动作要轻,产蛋高峰期要尽量减少进、出鸡舍的次数。开产前要做好疫苗接种和驱虫工作,高峰期不能进行这些工作。

4. 商品蛋的收集 一般每天收集 3 次,上午 11 时,下午 2 时,下午 6 时。减少蛋在鸡舍内的停留时间是保持鸡蛋质量的重要措施。

(五)产蛋后期的饲养管理

1. 更换饲料 随着日龄的增加,产蛋率出现明显的下降。一般到 45 周龄时,为了避免饲料浪费,要更换产蛋后期饲料(如果此时鸡群产蛋率仍保持 85% 以上,则可推迟换料时间)。粗蛋白质水平下降到 16.5%,钙的含量升高到 3.7%～4%。

2. 淘汰停产鸡 通常高产蛋鸡的表现反应灵敏,两眼有神,鸡冠红润;羽毛丰满、紧凑,换羽晚;腹部柔软有弹性、容积大;肛门松弛、湿润、易翻开;耻骨间距 3 指以上,胸骨末端与耻骨间距 4 指以上。停产鸡的表现主要是耻骨间距小于 2 指,过肥或过瘦。低产鸡的鸡冠发黄白色或紫红色,过肥或过瘦,肛门下的羽毛粘有稀便。

3. 加强卫生消毒 到了产蛋后期,由于饲养员疏于管理,鸡群很容易出现问题。经过长时间的饲养后,鸡舍的有害微生物数量大大增加，所以更要做好粪便清理和日常消毒工作。

（六）产蛋期的日常管理

日常管理是通过细心观察鸡群的状态及各项生产措施的具体实施，不断地发现、分析和解决问题，为鸡群的高产提供必要的保证。日常管理工作是否精细，对鸡群的生产水平会产生很大的影响。

1. 观察鸡群状况　一般在喂料时观察鸡只的采食情况、精神状态（冠的颜色、大小，眼的神态等）、是否伏卧在笼底等。白天观察鸡只的呼吸状态、有无甩头情况，夜间关灯后细听鸡群有无异常的呼吸声音。检查有无啄肛、啄羽现象。凡有异常表现的，均应及时隔离并采取相应的处理措施。

2. 观察鸡群的粪便　正常的鸡粪为灰褐色，上面覆有一些灰白色的尿酸盐，偶有一些茶褐色枯粪为盲肠粪。若粪便发绿或发黄而且较稀，则说明有感染疾病的可能。夏天鸡喝水多，粪便较稀是正常现象，其他季节若粪便过稀则与消化不良、中毒或患某些疾病有关。

3. 观察水槽、料槽情况　检查水槽流水是否通畅、有无溢水现象。若是用乳头式饮水器，则检查有无漏水或断水问题。检查料槽有无破损，槽内饲料分布是否均匀，槽底有无饲料结块。观察水槽、料槽的放置位置，是否会因笼的横丝影响鸡的饮水、采食。

4. 检查舍内设备的完好情况　窗户是否有破损、是否能固定（打开或关闭后）；灯泡有无损坏、是否干净；风机运转时有无异常声音，其百页窗启闭是否灵活；笼网有无破损，是否有鸡只外逃或挂伤，蛋是否能顺利地从笼内滚到盛蛋网中，是否会从缝隙中掉下。

5. 捡蛋与检查产蛋情况 产蛋期间每天上午 11 时、下午 2 时、6 时应分别进行捡蛋。捡蛋时将破蛋、薄（软）壳蛋、双黄蛋单独放置,捡蛋后应及时清点蛋数并送往蛋库,不能在舍内过夜。捡蛋的同时应注意观察产蛋量、蛋壳颜色、蛋壳质地、蛋的形状和重量与前 2 天有无明显变化。

6. 监控体重变化 产蛋鸡从开产到 40 周龄期间随着产蛋率的提高,体重也在逐渐增加(表 6-7)。一般要求 40 周龄前每 2 周抽测 1 次体重,40 周龄后每 4 周抽测 1 次。

表 6-7　商品蛋鸡产蛋期间鸡体重变化

周　龄	罗曼褐蛋鸡体重(克)	新红褐蛋鸡体重(克)
20	1402～1518	1830
22	1519～1646	1900
24	1600～1734	1950
26	1651～1788	1970
28	1691～1832	1990
30	1722～1865	2010
32	1732～1876	2020～2050
34	1737～1882	2030～2100
36	1742～1887	2030～2100
38	1747～1893	2030～2100
40	1752～1898	2040～2100
44	1762～1909	2040～2100
48	1772～1920	2050～2100
52	1777～1926	2050～2100
56	1783～1931	2060～2100
60	1788～1937	2080～2200
64	1793～1942	2100～2200

周　龄	罗曼褐蛋鸡体重（克）	新红褐蛋鸡体重（克）
68	1798～1948	2150～2250
72	1803～1953	2200～2300

7. 做好生产记录　这是生产管理工作的基本内容,可参考表 6-8。

表 6-8　产蛋鸡鸡群生产情况一览表

鸡种_____　第____舍　饲养员_____20　年　月

日期	日龄	存栏鸡数		鸡群变动		产　蛋			饲　料		备注
		公鸡	母鸡	死亡	淘汰	产蛋数	产蛋率	总蛋重	总耗料	平均耗料	

(七)蛋鸡生产的卫生管理

产蛋期间应加强卫生防疫工作,避免因致病因素存在对鸡群健康产生不良的影响。

1. 采用全进全出制　鸡场建设时各类房舍应配套,每批育雏数量要适当。不应把不同批次的鸡群混养于同一舍内,便于饲养管理措施的制定和实施,可有效防止疫病的相互感染。

2. 搞好带鸡消毒工作　鸡群转入产蛋鸡舍后,就应经常性地进行带鸡消毒,以尽可能降低鸡舍内的微生物浓度。冬季每周 2 次,春季和秋季每周 3～4 次,夏季每日 1 次。采用喷雾消毒方式,应使雾滴遍及舍内任何可触及的地方,保证单位空间内消毒药物的喷施量。药物应符合几项要求:消毒效果好、无刺激性、无腐蚀性、对蛋鸡毒性低。应将 0.1% 的过氧乙酸、0.2% 抗毒威、0.2% 的百毒杀、0.4% 的威力碘等几种化学性质不同的药物交替使用。

3. 饲喂用具的消毒　水槽应每日清洗消毒,料槽应每周消毒 1 次。料车、料盆、加料斗不能作它用,保持干燥、清洁,并每周消毒 1 次。药物用量可比带鸡喷洒消毒时增加 1～2 倍。

4. 病死鸡的处理　从舍内挑出的病鸡、死鸡应放在指定处,最好是在鸡舍外用一个木箱,内盛生石灰,把死鸡放入后盖上盖子,当其他工作处理结束时请兽医检查。病死鸡不允许乱放、乱埋,以减少场区内的污染源。一般可选择在粪便处理区内挖深坑掩埋病死鸡,每次填放死鸡的同时撒入适量的消毒药物。

5. 消灭蚊、蝇　夏秋季节蚊子、苍蝇较多,它们不仅干扰鸡群的生活,还会传播疾病。因此,舍内、外应定期喷药杀灭。

6. 定期清理粪便　粪便在舍内堆积,会使舍内空气湿度、有害气体浓度和微生物含量升高,夏季还容易孳生蝇蛆。采用机械清粪方式每天应清粪 2 次,人工清粪时每 2～4 天清 1 次,清粪后要将舍内走道清扫干净。高床或半高床式鸡舍,在设计时要保证粪层表面气流的速度，以便及时将其中的水分和有害气体排出舍外。

(八)减少饲料浪费

蛋鸡生产总成本中有 60%～70% 来自于饲料，节约饲料能明显提高经济效益。

第一，保证饲料的全价营养，因为饲料日粮营养不全面是最大的浪费。

第二，不使用发霉变质的饲料。

第三，料槽添料量应不超过料槽深度的 1/3，由于添料过满造成抛撒的料，其数量实际上是很惊人的。

第四，饲料粉碎不能过细，否则易造成采食困难并"料尘"飞扬。

第五，高质量的喂料机械可节约饲料。

第六，及时淘汰停产、伤残鸡。在产蛋期间，根据鸡只的外貌和生理特征及体态，经常性地淘汰停产、伤残鸡。停产鸡从外貌上表现为鸡冠苍白或发紫并萎缩，精神委靡，从生理特征上表现为耻骨间距变窄（小于 2 指宽），肛门干燥紧缩，一些鸡后腹膨大，站立时如企鹅状。

(九)减轻应激影响

应激会造成产蛋鸡生产性能、蛋品质量及健康状况的下降，在生产中应设法避免应激的发生。

1. 引起应激的因素 生产中会引起鸡群发生应激反应的因素很多，如缺水、缺料、突然换料，温度过高、过低或突然变化，光照时间的突然变化（停电、光照不足或夜间没关灯），突然发出的异常声响（鸣喇叭、大声喊叫、工具翻倒、刮风时门窗碰撞等),陌生人或其他动物进入鸡舍,饲养管理程序的变更,注射疫苗或药物等。这些因素中有些是能够避免的,有些是无法避免但能够通过采取措施减轻其影响的。

2. 减少应激的措施　针对上述引起应激的原因,生产管理上应注意采取以下几项措施。

(1)保持生产管理程序的相对稳定　每天的加水、加料、捡蛋、消毒等生产环节应定时、依序进行。不能缺水、缺料。饲养人员不宜经常更换。

(2)防止环境条件的突然改变　每天开灯、关灯时间要固定。冬季做好防寒保暖工作,夏季做好防暑降温工作,防止高温、低温带来的不良影响;春季和秋季在气温多变的情况下,要提前采取调节措施;夏、秋雷雨季节要防止暴风雨的侵袭。

(3)防止惊群　惊群是生产中容易出现的危害,也是较严重的应激。防止措施:生产区内严禁汽车鸣喇叭,严禁大声喊叫,舍内更不能乱喊叫,门窗打开或关闭后应固定好,饲养操作过程动作应轻稳。非饲养管理人员未经允许不能进入鸡舍。

(4)更换饲料应逐渐过渡　生产过程中不可避免地要更换饲料,但每次更换饲料,必须有 5 天左右的过渡期,使鸡只能顺利地适应。

(5)尽量避免注射给药　产蛋期间应尽可能避免采用肌内注射方式进行免疫接种和用抗菌药物治疗,以免引起卵巢肉样变性或卵黄性腹膜炎。

(6)提早采取缓解措施　在某些应激不可避免地要出现的情况下,应提前在饲料或饮水中加入适量复合维生素和维生素 C。

(十)降低破蛋率

破蛋的商品价值低,生产中破蛋率一般在2%～5%之间,也有更高的。破蛋率高会影响蛋鸡生产效益。

1.提高饲料质量 饲料中钙和磷的含量及两者之间的比例,钙、磷的吸收利用率,维生素 D_3 的含量等都对蛋壳的形成有一定的影响,任何一方面的不合适都会增加破蛋率;锰含量不足则会降低蛋壳强度。氟、镁含量过高也会使蛋壳变脆。因此,饲料中各种营养成分的含量和比例要适当,有害元素含量不能超标。

2.笼具的设计安装要合理 笼底的坡度以 8°～9°为宜,过小则蛋不易滚出,过大则蛋滚动太快易碰破。两组笼连接处应用铁丝将盛蛋网连在一起,以免缝隙过大使蛋掉出。笼架要有较高的强度,防止使用中出现变形。

3.要勤捡蛋 每天捡蛋次数较多时,可以减少因相互碰撞而引起的破裂,也可减少因鸡只啄食而造成的破损。收捡和搬运过程中要轻拿轻放。

4.保持鸡群的健康 呼吸系统感染、肠炎、输卵管炎、非典型性新城疫等,都会引起蛋壳变薄或蛋壳质地不均,甚至出现软壳蛋和无壳蛋。因此,做好卫生防疫工作,保持鸡群健康,对维持较高的产蛋量和良好的蛋壳质量,都是十分重要的。

5.缓解高温的影响 当气温超过 25℃时蛋壳就有变薄的趋势,超过32℃则破蛋率明显增高。

6.防止惊群 产蛋鸡受惊后可能会造成输卵管发生异常的蠕动,使正在形成过程中的蛋提前产出,造成薄壳、软壳或无壳蛋的数量增多。惊群还可能会因鸡只的骚动而造成笼网变形挤破或踩破蛋。

7. 防止啄蛋 啄蛋是鸡异食癖的一种表现。除勤捡蛋外,对有啄蛋癖的鸡,应放在上层笼内,若其本身为低产鸡,则可提前淘汰。

(十一)蛋鸡的季节性管理

目前,我国大多数蛋鸡舍都为有窗式鸡舍,舍内环境条件受自然气候条件变化的影响较大,因而应考虑各季节的气候特点,尤其是夏季和冬季,要采取措施消除不良气候条件的影响。

1. 夏季鸡群的管理 夏季的气候特点是气温高,鸡群会表现出明显的热应激反应,如采食减少、饮水增加,产蛋率下降、蛋重变小、蛋壳变薄,严重时发生中暑。一般 $10℃\sim28℃$ 的温度范围内对母鸡产蛋性能影响不明显,但不能忍受 $30℃$ 以上的持续高温。因此,夏季管理的重点是防暑降温以缓解热应激。应采取的措施如下。

(1)遮阳 在房舍周围栽植高大阔叶乔木,在进风口(窗)设遮阳棚等。

(2)减轻屋顶的热负荷 如将屋顶涂白,以增强其热反射能力;在屋顶加铺秸草或架设遮阳网,以降低屋顶内面温度;在屋顶喷水以降低屋面温度。

(3)加大舍内气流速度 使用风机使舍内气流速度不低于 1 米/秒。

(4)降低进舍空气温度 在进风口装设湿帘类设备,或将地下室内空气引入舍内。

(5)舍内喷水 在舍内气流速度较快的情况下向舍内喷水,水在吸收舍内空气中热量后,被吹出舍外而将舍内热量带走。也可在中午高温时,向鸡的头部喷水以防中暑。

(6)调整饲料营养 提高饲料营养浓度,以便在采食量下降的情况下,保证其主要营养成分的摄入量无明显减少。用适量脂肪代替部分碳水化合物以提供能量,将贝壳粒或石灰石粒在傍晚时加喂,或使用颗粒料都是合适的。

(7)使用抗热应激添加剂 如在饮水或饲料中添加0.03%维生素 C 或 0.5%碳酸氢钠、1%氯化铵,添加中草药添加剂,饮水中添加补液盐等,都可在一定程度上缓解热应激反应。

(8)改善饲养管理 保证充足的、清凉洁净的饮水供应,利用早晨、傍晚气温较低时,加强饲喂以刺激采食,用湿拌料促进采食。防止饲料变质变味。凌晨1时开灯1小时,供水、供料可以有效缓解热应激的影响。

(9)消灭蚊、蝇 夏季蚊、蝇很多,尤其是吸血昆虫是住白细胞原虫病的主要传播者,需要及时杀灭。

2.冬季鸡群的管理

(1)保持适宜的舍温 冬季应采取防寒措施,防止冷空气直接吹向鸡群。采取必要的保温或加热措施,使舍温不低于10 ℃ ,并防止水管结冰。

(2)合理通风 冬季为了保温,多数将门窗关闭或遮挡,影响正常的通风而造成舍内氨气和二氧化碳含量明显超标,进而诱发呼吸道感染。因此,冬季应在保持舍温的前提下,进行合理的通风。

(3)调整饲料营养 适当提高饲料的能量水平。

(4)注意灭虱 冬季易发鸡虱,需要经常观察。一旦发现有鸡虱要及时采取灭虱措施。

(十二)蛋鸡的强制换羽

蛋鸡在经历了一个产蛋阶段后,在夏末或秋季就开始换羽。鸡群内不同的个体换羽开始时间和持续时期也不一样,自然换羽的持续时间可达 14~16 周,此期间部分个体停产,因而群体产蛋率不高,给饲养管理带来较多麻烦。强制换羽可使鸡群在 7 周左右的时间内完成羽毛脱换过程。换羽后鸡群产蛋整齐(平均产蛋率比上一产蛋年度降低 10%~20%),蛋品质量较好,鸡群成活率较高,可继续利用 6~9 个月。最常用的强制换羽方法是饥饿法。

1. 强制换羽前的准备

(1)确定强制换羽的时间 商品蛋鸡一般在 350~450 日龄之间进行强制换羽。

(2)制定强制换羽方案 根据鸡群状况、季节及第一产蛋期鸡群的产蛋性能,制定强制换羽具体方案,以便强制换羽工作顺利进行。非特殊情况(如死亡率高或遇到大的疫情等)不要随便变更计划。

(3)鸡群的选择和淘汰 用于强制换羽的鸡群,应是已经产蛋 9~11 个月的健康鸡群,产蛋率已降至 60%~70%时。将群内已开始换羽的个体挑出集中放在舍内某一区位。将病、弱、残及脱肛个体挑出淘汰。

(4)免疫接种 在强制换羽措施实施前 1 周,对鸡群接种新城疫灭活疫苗。

(5)称重 在舍内抽测 50 只左右的鸡体重(被测个体佩戴脚号),并记录。

(6)准备饲料 强制换羽前要准备石粉或贝壳粒和恢复期所需的饲料、维生素。

2. 强制换羽的实施

第一，开始 3 天停水、停料、采用自然光照。有人认为此期间每只鸡每天喂 10 克贝壳粒可减少薄、软壳蛋出现，并能够减少换羽过程中的死亡率。若是夏季每天可供水 1 小时。

第二，第四至第七天停料、每天供水 2 次，每次半小时，采用自然光照。

第三，第八至第十二天称重，此期间对已标记的鸡只每天称重，若当前体重与断料前体重相比减轻 25% 左右时，即可进入恢复期。

第四，当鸡群体重比初始期减轻 25% 左右时，开始进入恢复期，饲喂恢复期的饲料。在初始 2 周可用青年鸡饲料，另补充复合维生素及微量元素，此后 2 周使用预产期饲料，之后换用产蛋期饲料。在恢复期第一天的喂料量，按每只鸡每天 20 克，此后每天每只鸡递增 15 克，直至达到自由采食。饲喂期间应保证饮水的充足供应。

光照时间从恢复喂料时开始逐渐增加，约经 6 周的时间，恢复为每天 16 小时，以后保持稳定。一般鸡群在恢复喂料后 3～4 周开始产蛋，6 周后产蛋率可达 50% 以上。

四、蛋鸡放养的饲养管理

我国有大片的山区林地和平原林地、果园、荒滩等，利用林地进行高产蛋鸡的放养，在补充全价饲料的同时，鸡可以自由采食脱落的树叶、落果、小虫、土壤中的矿物质，这样可以增加鸡蛋的口味和蛋黄颜色。同时，放养鸡群运动量大、体质好，有利于生产绿色禽蛋产品。

无论是地方良种鸡还是蛋鸡配套系都可以进行放养。

(一)鸡群放养的合适场地

由于我国地域广阔、各地自然和气候条件差别大,鸡群放牧场地千差万别。以中原地区为例,作为鸡群放养的合适场地主要有:果园、林地、滩地、浅山地、山沟等。

用于鸡群放养的场地要与周围有相对较好的隔离条件,能够防止鸡群跑出饲养范围而导致鸡只的丢失。一般的果园有围墙,能够满足这种要求,但是在林地、滩地、浅山地这样的场所一般需要使用尼龙网将鸡群活动范围围起来,网的高度不低于2米。如果在偏僻的地方,也可以不使用围网。

在鸡群放牧场地内或附近要有良好的水源以满足鸡群饮用,附近有照明电力线路以便于夜间照明、取水、饲料加工等。

在山区或滩区放养鸡群还必须考虑在雨季鸡群和设备的安全问题,鸡舍应该建造在地势相对较高的位置。

(二)放养鸡群的房舍及设备要求

1. 房舍要求 无论在什么样的场地放养鸡群都必须有合适的房舍,作为夜间鸡群休息、不良天气鸡群避风躲雨的场所。

放养鸡群鸡舍的建造形式因所饲养鸡群的类型、放养场地而有区别。例如,在果园、林地这样的场所放养鸡群都有长期性,建造鸡舍就应该考虑使用有窗鸡舍类型;而在滩区或浅山地放养鸡群都有明显的季节性,鸡舍建造时主要考虑使用临时性的棚舍。

房舍的大小应该考虑放养鸡群的规模,由于放养鸡群都是采用地面散养,舍内的密度不适宜过大。通常按照每平方米舍内地面饲养7~10只鸡进行规划。

房舍建造的一般要求可以参照普通鸡舍,坐北朝南以利于通风采光,房舍高度(屋檐)在 2 米左右,舍内地面比舍外高 35 厘米左右,朝向放养场地一侧每 3 间房设 1 个门。

2. 设备要求　放养鸡群所需要的设备比较简单,在舍内需要配置的设备有料桶、饮水器,加热、照明和通风设备,鸡群夜间休息用的栖架。舍内地面一般铺设垫草。

在放养场地需要配置的设备主要是饮水器。饮水器的颜色最好为红色的,以便于鸡只识别。此外,作为放养管理的有一些标记性材料如彩色布条等,管理信号用品如哨子等。

(三)鸡群放养的合适日龄

在鸡舍设备条件良好的情况下,雏鸡可以在放养场地内的鸡舍中饲养,而采用临时性棚舍的情况下需要待雏鸡能够适应外界环境条件后才能转入棚舍。

在早春季节,由于外界气温比较低、天气变化比较快,雏鸡到舍外放养的日龄应该在 21 天以后;在仲春以后,外界气温比较高,15 天以后的雏鸡就可以到外面放养。一些养鸡户通常在元月份开始饲养雏鸡,在鸡舍内将鸡饲养至 15 周龄前后,到 3 月底或 4 月初野生饲料资源比较丰富的时候把鸡群转到放养场地。

(四)放养鸡群的补饲与饮水

1. 补饲要求　由于放养鸡群主要在放养场地内觅食野生的天然饲料,在不同季节应该根据野生饲料的类型和特点进行适当的补饲。补饲一般在鸡舍内进行。

在早春季节,野生的饲料资源比较贫乏,鸡群在放养场地内可以觅食的食物很少,难以满足其生长发育或产蛋需要,必须注意在早晚补饲全价配合饲料。在仲春至初秋期间,放牧场地中的青绿饲料和昆虫资源相对比较丰富,白天鸡群在野外觅食基本能够满足其营养需要,傍晚时适当补饲就可以。秋季是植物结实季节,鸡群放养期间主要以草籽为主要饲料,需要注意矿物质饲料的补充。

在放养场地内分散放置若干个陶瓷盆,盆内盛放掺有少量食盐、微量元素的贝壳粉,供鸡群在需要的时候自己采食。

2. 饮水管理 在有天然水源的场地内放养鸡群,鸡群自己会寻找到水源饮用。但是,在缺乏天然水源的场地内放养则必须人为地为鸡群提供饮水。使用容量为 10 升的球形饮水器,按照每 70 只鸡 1 个,分散放置在放养场地内比较显眼的地方,饮水器相距不宜超过 30 米,以免影响鸡群的正常饮水。管理人员每天上午应该在放养场地内巡视,观察饮水器内水的量是否充足,水量少的要及时更换加水。

(五)放养鸡群的卫生防疫

1. 常规的卫生防疫措施 放养场地与其他养殖场要有500 米以上的距离,在放养场地内尽量避免无关人员和车辆进入,以减少病原体进入放养场地内的机会。对于鸡舍内和周围要定期进行消毒处理,以有效杀灭鸡群活动比较频繁的场地内的病原体。鸡舍内的粪便要每 3~4 天清理 1 次,清出的粪便要在放养场地的某个角落固定堆放,每次清理后的粪便堆积起来,外面用草泥糊严进行发酵处理,粪堆周围要采取围护措施,不让鸡群靠近粪堆。

2. 疫苗的接种与药物使用 放养的鸡群在疫苗接种方面的要求与舍饲的鸡群相同,可以参考舍饲鸡群的免疫程序接种疫苗。由于白天鸡群都在野外觅食,疫苗的接种需要在晚上进行。如果是采用饮水免疫方式,可以考虑在早晨将混有疫苗的水放在鸡舍附近供其饮用。

放养过程中鸡群感染寄生虫病的概率比较大,需要定期在饲料中添加药物进行驱虫。药物需要按照每只鸡的用量计算,混入饲料后在早、晚补饲时让鸡采食。

(六)鸡群放养与自然环境生态保护

采用放养方式饲养蛋鸡主要是让其采食一定量的天然野生饲料,但是任何放养场地内可利用的野生饲料资源都是有限的,这就要求在一定范围内放养鸡的数量要合适。

放养鸡的数量过多,超过放牧地的承载能力不仅鸡吃不饱,还会对放牧地的生态平衡造成破坏。例如,在某地有人利用荒坡按照每 667 平方米 200 只的饲养密度放养土鸡,结果坡上的野草很快就被鸡吃干净了,不仅需要较多地使用配合饲料补饲,也影响了荒坡上植被的生长。一般情况下,每 667平方米放牧地放养蛋鸡的数量为 50～100 只。

对于放养场地的生态环境保护,不仅需要控制鸡群的放养密度,适量补充配合饲料,还可在合适的季节人工播撒一些牧草种子和种植树木,促进植被的恢复。

(七)放养鸡群的日常管理

1. 注意天气变化　自然界气候变化无常,鸡群在野外放养受外界气候的影响很大。尤其是在出现雷雨大风、冰雹或温度突然下降的天气中对鸡群所造成的不良影响更大。因此,在鸡群放养过程中管理人员需要经常注意天气预报和随时观察天气变化,一旦有不适宜的天气现象出现,就不放鸡群或提早收群。

2. 补充光照　放养鸡群在白天野外觅食期间可以利用自然光照,但是,自然光照满足不了其需要。放养蛋鸡应该在早、晚进行补光。

在高温季节,在鸡舍前面安装若干个灯泡,既可以引诱昆虫供鸡群采食,也能够让鸡群在舍外乘凉。

3. 防止野生动物的侵害　放养鸡群由于生活在比较偏僻的地方,要注意防止野生动物的危害。除管理人员夜间在鸡舍旁边的住室内值班外,有效地防止方法一是饲养狗,二是饲养几只鹅,它们的警觉性都比较高,有外来动物或人的靠近,它们就会发出警示信号。

鸡舍外的灯泡应通宵照明,也能够减少其他动物的靠近。

4. 果园养鸡的问题　在果园内养鸡除上述需要注意的问题外,还必须注意防止鸡啄食水果,尤其是在放养蛋鸡的情况下。放养鸡群的果园一般应该是在果树树龄在 4 年以上的果园,树龄小则由于鸡在树上踩踏会影响其生长。

有些情况下应该考虑在果实采收后再放养,例如在桃园、李子园、樱桃园等春熟水果园内放养鸡群时,可以在果实采摘前 10 天将 20 日龄左右的雏鸡放养于园内,待到雏鸡能够飞到树上前果实已经收完。

果园需要定期使用农药防治病虫害,在果园内放养鸡群时要巧妙安排使用农药的方法和鸡群管理,防止鸡中毒。用药时要注意选用低毒农药,在用药期间,将鸡群停止放养 3～5 天,也可对果园进行分区、分片用药,鸡群采用分区轮牧的方法,等农药毒性过后再放养鸡。

5. 观察鸡群　每天在放鸡出舍和傍晚鸡群回舍的时候要注意观察鸡群的精神状态,对于精神不振、羽毛松乱或行为异常的个体要高度重视,及时隔离检查和治疗。

白天应该在放养场地周围巡视,观察有无个别精神状态不好的鸡只躲在偏僻的角落。因为鸡发病后常常离开大群独处。

　　死亡的鸡只要及时诊断,为大群的防疫提供依据,并要消毒后深埋,防止病原扩散。

　　6.蛋的收集　鸡有回窝产蛋的习惯,鸡舍内要设置产蛋窝以便为鸡提供产蛋场所。为了防止部分鸡随地产蛋,需要在放养场地内设置若干个产蛋棚窝,窝内铺垫干燥柔软的垫草,引诱母鸡到窝内产蛋,既能够保证蛋壳的干净,又可以减少蛋的丢失。

第八章　蛋鸡的标准化疫病控制

随着我国蛋鸡业的发展,疫病问题所带来的影响越来越突出。近年来疫病的暴发和流行不仅造成了蛋鸡成活率、生产性能的下降和生产成本的升高,而且还直接影响到了蛋鸡的肉蛋品质(卫生质量),这也成为阻碍我国家禽产品出口、影响家禽业稳定发展的最大障碍。尤其是在家禽业生产效益不太高的情况下,禽病的发生往往可能会造成一个企业的严重亏损甚至破产。因此,做好鸡病的防治工作是蛋鸡养殖场(户)内各项工作的首要任务。

鸡病的发生是由多种因素共同作用的结果,环境中的传染源、蛋鸡的饲料营养状况、生产环境条件、饲养管理技术、卫生防疫措施等,任何一个方面的不足都可能造成蛋鸡的发病。因此,鸡病的防治也必须采取综合性的措施,这样才能收到扎实的效果。对于养鸡场内鸡病的控制必须做到"防重于治、养防结合","措施科学、落实得力",不能单纯从重诊断、重治疗的角度衡量兽医的技术与管理水平。

一、蛋鸡场疫病综合预防措施

(一)提高对鸡病防治工作的认识

1. 加强对疫病防治法规的理解　为了确保家禽生产的安全、及时扑灭重大疫情、有效控制畜禽传染病的发生,国家和各省、自治区、直辖市政府主管部门都制定有相关的畜禽疫病防治法规。这些法规对家禽生产者的经营和管理过程中出现的疫情进行了科学的分类,对于某些危害严重的传染病制定了严格的措施以消灭其传播的可能性。因此,蛋鸡生产的有关人员应该对国家和地方行政主管部门制定的畜牧兽医法规有所了解和掌握。在生产中尤其要注意对《兽药管理条例》、《兽药使用准则》、《兽医防疫准则》、《畜禽病害肉尸及其产品无害化处理规范》、《畜禽产品消毒规范》、《畜禽产地检疫规范》、《种畜禽调运检疫技术规范》、《新城疫检疫技术规范》、《畜禽粪便无害化处理技术规范》、《兽药技术规范》(兽药典)、《无规定动物疫病区技术条件》、《重大动物疫病控制技术规范》、《禽流感检疫规程》、《畜禽饲养场质量及卫生控制规范》、《种畜禽场环境卫生标准》、《雏鸡疫病检疫技术规程》等法规和标准的认识和应用。

2. 提高管理人员对鸡病防治工作重要性的认识 管理人员是蛋鸡场生产管理与经营措施的制定者,也是执行相关措施的示范者。只有管理人员对鸡病防治工作的重要性有了足够的认识,才能够在制定卫生防疫措施的时候考虑得周全,在落实卫生防疫措施的时候不折不扣,具体措施才能有效地得到实施。

3. 提高工人对鸡病防治工作重要性的认识 工人是鸡场各项生产措施,包括卫生防疫措施的具体执行者。在大中型养殖场内工人都是雇佣人员,很多人不能正确认识他们与企业之间的利益关系,往往把有关严格卫生防疫方面的措施看作是对他们施加的压力,而不严格依章行事。这也是许多养鸡场在卫生防疫方面出现漏洞的主要原因。

(二)严格的卫生防疫措施及落实

1. 完善卫生防疫设施 卫生防疫设施是实施卫生防疫措施的重要条件。对于一个蛋鸡场的卫生防疫设施组成主要包括隔离围墙、隔离绿化、车辆消毒设施、人员隔离设施、人员更衣消毒设施、鸡舍工作间消毒设施、病死禽隔离与暂存设施、粪便清理与堆放设施等。

2. 制定严格的卫生防疫制度 养鸡场内的卫生防疫制度应该包含各个环节。对于一个养鸡企业,制定的卫生防疫制度无论如何严格、全面、科学,但是其效果还主要取决于制度执行的落实情况。在不少的养鸡企业其管理制度不健全、不规范,许多制度没有得到很好的贯彻落实,这是影响当前养鸡企业生产管理规范化程度的关键。

(三)做好隔离饲养

隔离是指把蛋鸡生产区和生活的区域与外界相对分隔开,避免各种传播媒介与蛋鸡的接触,减少外界的病原微生物进入蛋鸡生活范围内,从而切断传播途径。隔离应该从全方位、立体的角度进行,任何一个方面的疏漏都会使在其他方面所做的努力化为泡影。

隔离的内容包括:场区与外界的隔离,外来人员和车辆、物品的隔离,不同鸡舍之间人员和用品的隔离,饲养人员与非直接饲养人员的隔离,场区内各鸡舍的隔离等。

(四)严格消毒制度

在蛋鸡场内的消毒范围一般包括以下几大方面。

1. 鸡舍内外 鸡舍内部包括地面、粪沟、设备、墙壁、门窗、屋顶和垫料等,这些地方都是微生物附着的地方,需要经常消毒;门窗以及进风口和排风口是鸡舍内外空气交换的主要通道,对这些地方加强消毒可以减少进入鸡舍空气中的微生物或对从鸡舍排出的污浊空气进行消毒,防止病原扩散。

2. 饮水 在许多蛋鸡场都是使用地下水作为饮用水,水井的深度都比较浅,井水容易受污染。在不少的鸡场由于饮水中细菌数量和硝态氮含量超标而引起的鸡体质弱、生产性能低的现象普遍存在。

即便是使用深井水,在鸡舍内随着水的存放时间延长,其中所含的细菌数量也会迅速增多。例如,在采用水槽供水的鸡舍内,水槽末端水中细菌数量要比水槽起始端的高 3～5 倍。因此,通过对饮水进行消毒可以减少由于饮水被污染所造成的疾病感染。饮水消毒包括对饮水的过滤和添加消毒药物。

3. 进入生产区的门与道路 这是生产区与外界联系的主要通道,人员、车辆和物品在经过此处时进行消毒可以避免将病原体带入生产区。人员和车辆经过的地方必须有消毒池。池内的消毒药液必须定期更换并保持合适的深度。

4. 贮粪场 在蛋鸡场内贮粪场通常位于某个角落,按照要求贮粪场地面必须硬化,上面要有顶棚以防雨淋。鸡场内死亡的鸡也往往丢弃到粪堆上。可以说贮粪场是鸡场内最大的污染源。要求每周要使用较高浓度的消毒药对粪堆及其周围地面进行喷洒消毒或将生石灰撒在粪堆表面及周围,以减少病原的扩散和蚊、蝇的孳生。

5. 鸡舍之间的场地 在鸡舍之间的空地上可能会因为鸡舍的通风、鸟雀与老鼠的活动造成污染,但是相对来说不那么严重。要求每 7～10 天喷洒 1 次消毒药。定期清理杂草。

6. 带鸡消毒　在蛋鸡生产过程中鸡舍内会不断被鸡体本身产生的微生物、外界环境中的微生物所污染,因此需要经常性地消毒。带鸡消毒就是指鸡在舍内的时候对鸡舍进行消毒。一般采用喷洒消毒液的方法处理,也有使用醋或较小剂量的过氧乙酸进行熏蒸处理的。带禽消毒不仅要对鸡体表进行消毒,同时要对鸡舍内所有能够存在污染威胁的地方进行消毒。

7. 空鸡舍的消毒　蛋鸡生产过程中鸡舍每周转 1 次,在鸡转出后就需要进行严格的消毒,防止上一批鸡携带的病原体遗留在鸡舍内而对下批鸡产生感染。首先,把粪便和垫料清理干净,之后在切断舍内电源的情况下用高压水枪把屋顶、设备、墙壁、门窗和地面冲洗干净,待房舍相对干燥后用消毒药液喷洒各处,并用 3‰烧碱溶液喷洒地面和 1 米高以下的墙壁。鸡舍在下次使用之前至少闲置 1 个月,并在进鸡前 3 天用福尔马林和高锰酸钾进行熏蒸消毒。

(五)创造适宜的环境条件

环境因素是蛋鸡生活的外部各种影响因素的总和,生产中一般指的是气象环境因素。环境因素对蛋鸡健康的影响表现在以下几个方面。

1. 环境因素能够直接影响蛋鸡的生理状况　机体生理功能处于正常状态是蛋鸡健康的基础,环境因素的变化尤其是过冷过热会直接影响蛋鸡的各种生理功能。包括内分泌、血液生化指标、体内酶的活性、免疫系统等生理功能的改变。

2. 环境因素影响蛋鸡营养的摄入量　合适数量和适当比例的营养素摄入量是保持蛋鸡各项生理功能正常的重要条件,营养素摄入不足或吸收不良会影响蛋鸡的免疫力。环境温度过高会降低营养素的摄入量,其他环境条件的不适会增加对某些营养素地需要量或影响其吸收。

3. 环境因素对黏膜的抵抗力的影响　在适宜的环境中蛋鸡的呼吸道、口腔、眼睛等部位的黏膜能够保持对外界微生物正常的抵抗力。环境温度过高、过低、湿度过小、粉尘过多、有害气体浓度过高都会破坏黏膜的完整性,进而影响其抵抗力。

为蛋鸡提供一个适宜的环境条件是保证鸡群健康和发挥良好生产性能的重要基础。

(六)引种的卫生防疫原则

1. 禁止从疫区引种　疫区是指正在发生某种传染病的地区。由于某种疫病的流行,很可能使处于该地区内的种鸡场受到感染。从这种地区内的种鸡场引种具有很大的风险,因为种鸡、种蛋、雏禽、包装与运输工具等都有携带病原体的可能。在过去的 20 多年中,随着新的家禽品种从国外引进,导致许多传染病的传入并在我国各地蔓延,这是很大的教训。

2. 引种要有健全的手续　根据我国种畜禽管理条例的要求,畜禽的运输必须有供种场所在地出具的检疫证明。

3. 引种后的隔离观察　直接从异地引进雏鸡或育成鸡很容易将疫区的疾病带来,因为有的疾病有一个比较长的潜伏期,在购买蛋鸡的时候其外观是正常的,但是有可能在购买后 1 周或数周才出现症状。因此,在引种后进行隔离观察是非常有必要的。引进的种鸡在隔离观察期间必须保证与外界严格隔离,每天对生产环境进行消毒,防止潜在疫病的扩散。对于各种饲养管理和卫生防疫记录必须保证完整和真实。

(七)种鸡场疫病的净化

种鸡场的卫生防疫管理直接影响其所提供的家禽的健康,对于种鸡场内种鸡的疾病净化与控制是每个国家都十分重视的卫生管理环节。

1. 种鸡特定疾病的净化　按照要求一些垂直传播的疾病如白血病、沙门氏菌病、霉形体病等是必须在种鸡场内进行净化的。因为,种鸡一旦感染这些疾病就会通过种蛋把疾病传递给后代雏鸡。按照要求,定期对种鸡进行全面的检测,严格执行畜牧主管部门制定的标准,坚决淘汰阳性个体。

2. 感染疾病的种鸡不符合供种的要求　在种鸡饲养过程中,有可能发生各种类型的疾病。按照规定,凡是种鸡在患传染病期间及其治愈后的一段时间内所产的蛋是不能够做种蛋使用的。

(八)免疫接种是预防传染病的重要措施

对于病毒性传染病的预防,重要的措施之一就是及时进行免疫接种。大多数的病毒性传染病疫苗在接种后蛋鸡能够产生坚强的免疫力,保证在接种后的相当长一段时间内对该病原有足够的抵抗力。

免疫接种应根据疫苗种类不同、免疫鸡群日龄不同,选择合适的接种方法。下面就各种接种方法作一简介。

1. 饮水免疫　就是将疫苗混在饮水中让鸡饮用而获得免疫目的。其优点是无须捉鸡、省力、免疫接种后反应温和。缺点是抗体效价不高,免疫保护力有限,局部黏膜免疫力较差,部分鸡因饮水量少而得不到足够量的疫苗,抗体水平参差不齐。

（1）停水时间控制　为保证饮水免疫效果，注意控水时间。一般夏季控水 2～3 小时，冬季控水 4 小时左右。

（2）饮水量　一般按照 1～2 周龄鸡 8～10 毫升/只，3～4 周龄 15～20 毫升/只，5～6 周龄 20～30 毫升/只，7～8 周龄 30～40 毫升/只，9～10 周龄 40～50 毫升/只。成鸡可按全天饮水量的 30%～40% 计算饮水量。最好控制在 1～2 小时内能将含疫苗的水饮完为宜。

（3）饮水免疫方法　方法一是疫苗经稀释后一次投入水中，1～2 小时饮完；方法二是将疫苗平分 2 次加入水中，每次饮水时间 1 小时，疫苗现用现配，两次之间可以不间隔。

（4）注意事项：①水质良好，酸碱度接近中性，不含氯离子、金属离子、消毒剂等；②禁用金属饮水器，可选用塑料或陶瓷器具；③饮水中按 0.2% 的比例加入脱脂奶粉或按 2% 的比例加入脱脂鲜奶，可保护疫苗毒株，提高免疫效果；饮水用具在使用前要清洗干净。

2. 点眼、滴鼻免疫

（1）方法　可选择疫苗专用稀释液、蒸馏水、生理盐水或冷开水，按照疫苗瓶签注明的羽份稀释疫苗，每羽份按 0.03～0.05 毫升计算稀释液用量，滴入鼻孔或眼中。浸喙免疫则是将疫苗稀释后放在小碗内，握住雏鸡后将其喙部浸入疫苗水内，看到鼻孔处冒出小汽泡即可。

（2）优缺点　优点是可诱导机体产生良好的局部黏膜免疫，抗体效价高，能在病毒入侵门户建立有效的免疫屏障。缺点是需要捕捉鸡只，对免疫鸡群应激较大，费时费力。

（3）注意事项　① 操作时待疫苗液完全被吸入眼睛或鼻腔后再放开鸡；②捕捉鸡时尽量减轻对鸡群的应激；③操作人员应有高度的责任心，配苗和接种时应有专人核对和督导；

④确认疫苗进入鼻孔或眼眶内后才可以把雏鸡放下;⑤浸喙时要求鼻孔要没入水中使疫苗水进入鼻孔。

3. 刺种免疫　刺种免疫法主要用于禽痘活疫苗的接种。一般按每 500 只份疫苗加 8～10 毫升疫苗稀释液溶解,用禽痘专用刺种针或钢笔尖蘸取稀释好的疫苗,在翅膀内侧无血管处皮下刺种。6～30 日龄雏鸡每只刺 1 针,30 日龄以上雏鸡每只刺 2 针。每刺 1 次都要蘸取疫苗液。刺种后 5 天左右,如果刺种部位出现轻微红肿、水泡或结痂,表示接种成功。否则,表示失败,应及时补种。

4. 注射免疫　常采用肌内或皮下注射法。主要用于鸡马立克氏病疫苗、鸡新城疫中等毒力活疫苗或灭活疫苗的接种。

皮下注射优点:吸收较快,产生的免疫力较持久。缺点:有时因操作不当可能会引起接种部位局部坏死。

肌内注射优点:诱导机体产生抗体效价高。缺点:操作不便,应激反应强,不能产生局部黏膜免疫。

注意事项:

第一,接种部位选择。皮下注射最好选择颈背部皮下,此处自由活动区域大,注入疫苗后不影响头部的正常活动,而且疫苗吸收均匀。肌内注射可采用胸肌注射,雏鸡阶段尽量避免在腿部肌肉注射,操作不当会损伤腿部的血管和神经,造成腿部肿胀和瘸腿。

第二,注射前和注射过程中应经常摇晃,使疫苗液混合均匀。

第三,油乳剂灭活疫苗应于 2℃～8℃ 环境贮存,避免冻结,使用前使之自然升至舍温。

第四,油乳剂灭活疫苗若有分层、破乳现象,或有异物和杂质时不宜使用。

第五，灭活疫苗一旦开封，应当日用完，残留的疫苗予以报废。

第六，每注射100只鸡应更换1个已消毒的针头。

第七，不可将2种以上油乳剂灭活疫苗混合在一起注射，也不可在油苗中加入抗生素或其他药物。

5. 喷雾免疫　鸡的呼吸系统有特殊的气囊结构，气体经肺运行，并经肺内管道进出气囊，这一特点，增大了气体扩散面积，从而增加了疫苗的吸收量，能在气管和支气管黏膜表面产生局部黏膜抗体，建立免疫屏障，有效地防止或减少病原体从呼吸道的侵入。优点是省时省力，产生免疫力时间快、效果好。缺点是操作技术要求高，易导致免疫失败；若鸡群已经发生上呼吸道感染，喷雾免疫会加重呼吸道症状。喷雾免疫的技术要点如下。

(1)雾滴大小　8周龄以内雏鸡，控制雾滴在80微米以上；8周龄以上鸡，雾滴大小以30～40微米为宜。

(2)稀释液用量　每1000羽份疫苗，1周龄鸡需要稀释液200～300毫升，2～4周龄鸡400～500毫升，5～10周龄鸡800～1000毫升，10周龄以上鸡1500～2000毫升。同时还要考虑鸡群所占的面积大小。

(3)喷雾头高度　应在鸡背上方1米左右平行喷雾，使气雾粒子在空气中缓缓降落，不应直接喷向鸡体。

(4)注意事项　①喷雾前尽量减少鸡舍灰尘；②减少应激刺激；③喷雾时尽量减少空气流动，喷雾后半小时方可通风；④保持鸡舍适宜温度和湿度，一般以舍温18℃～24℃、空气相对湿度65％为宜；⑤选用高效价疫苗；⑥鸡群有呼吸道疾病时不宜采用喷雾免疫。

(九)用药物控制疾病

药物防治是控制细菌和寄生虫疾病的重要措施,在蛋鸡生产中通过混入饮水、拌入饲料、肌内注射或浸泡、喷洒等方式给药,能够有效抑制或杀灭鸡只体内外的微生物和寄生虫。

1.药物的选用

(1)选择特效药物　使用药物要首先明确使用的目的,是预防还是治疗,是防治哪一种疾病,这种疾病是否已经确诊。疾病没有确诊就随意用药是目前滥用药物的现象之一。病原体对药物的敏感性存在很大差异,同一种药物对于某种病原体可能有很好的抑制或杀灭效果,但是对另一种病原体的抑制或杀灭作用不显著,甚至没有效果。在实际生产中应该通过药物敏感实验,确定哪种药物对本场存在的相应病原体具有高度的敏感性。

(2)避免病原体耐药性形成　一种药物长期使用很容易使病原体产生耐药性,这在蛋鸡生产中经常遇到。开始使用某种药物控制特定的疾病效果很好,但是随着药物使用时间的延长其效果也随之下降。其原因在于病原体在生存过程中会不断发生变异,对其环境中存在的药物会产生适应性。

防止病原体产生耐药性的主要方法是:定期更换使用的药物,不长期使用某一种药物。

(3)减少产品中药物残留　一些药物在蛋鸡体内代谢时间长,能够在肉、蛋中蓄积,导致肉蛋产品中的药物残留。这是影响消费者健康和影响我国家禽产品出口的关键因素。必须引起家禽养殖者的注意。

(4)选择使用药物　在蛋鸡生产中有些药物可以使用,而有些是不能使用的。我国已经制定了家禽的药物使用规范,详见本章第二个问题。

（5）**适时停药**　对于一些预防疾病、促进生长效果好的药物，如果在肉禽上市前 7～10 天停止使用，在肉中的残留基本不存在，不会对消费者产生危害。

（6）**合理配伍**　某些药物联合使用后相互之间会产生协同效应或拮抗效应。具有协同作用的药物联合使用后药物效力超过单一一种药物的效力，而具有拮抗作用的药物联合使用后会使药物效力降低甚至产生有害的作用。在使用药物之前应该了解药物的互补问题，选择具有协同作用的药物配合使用。

有许多药物存在配伍禁忌，不能混用，特别是配伍后药性（毒性）加剧的药品更应注意。如敌百虫与碱性药物混用，能生成毒性更强的敌敌畏，对家禽是剧毒药品。

2. 用药方法

（1）**口服给药**　将药物按照用量说明加入饲料或饮水中，搅拌均匀，让鸡只采食加药饲料或饮用加药的水，药物通过消化道进入机体。

（2）**注射给药**　将药物按照要求稀释后，按照用量要求用注射器把药物注射到鸡只的肌肉内或皮下被机体吸收。

（3）**体外用药**　一些消毒药物和驱除体外寄生虫的药物可以采用这种方法，包括涂抹、喷洒、沙浴等。

（十）污物的排放和无害化处理

在养鸡场污物的处理方面，有粪便的堆积发酵、烘干、沼气化处理，病死鸡的处理则主要有深埋和焚烧等方式。

1. **堆积发酵**　鸡的粪便中含有大量对植物非常有用的营养成分，因而无论是我国还是经济发达的国家，将鸡粪作肥料

④确认疫苗进入鼻孔或眼眶内后才可以把雏鸡放下；⑤浸喙时要求鼻孔要没入水中使疫苗水进入鼻孔。

3. 刺种免疫　刺种免疫法主要用于禽痘活疫苗的接种。一般按每500只份疫苗加8～10毫升疫苗稀释液溶解，用禽痘专用刺种针或钢笔尖蘸取稀释好的疫苗，在翅膀内侧无血管处皮下刺种。6～30日龄雏鸡每只刺1针，30日龄以上雏鸡每只刺2针。每刺1次都要蘸取疫苗液。刺种后5天左右，如果刺种部位出现轻微红肿、水泡或结痂，表示接种成功。否则，表示失败，应及时补种。

4. 注射免疫　常采用肌内或皮下注射法。主要用于鸡马立克氏病疫苗、鸡新城疫中等毒力活疫苗或灭活疫苗的接种。

皮下注射优点：吸收较快，产生的免疫力较持久。缺点：有时因操作不当可能会引起接种部位局部坏死。

肌内注射优点：诱导机体产生抗体效价高。缺点：操作不便，应激反应强，不能产生局部黏膜免疫。

注意事项：

第一，接种部位选择。皮下注射最好选择颈背部皮下，此处自由活动区域大，注入疫苗后不影响头部的正常活动，而且疫苗吸收均匀。肌内注射可采用胸肌注射，雏鸡阶段尽量避免在腿部肌肉注射，操作不当会损伤腿部的血管和神经，造成腿部肿胀和瘸腿。

第二，注射前和注射过程中应经常摇晃，使疫苗液混合均匀。

第三，油乳剂灭活疫苗应于2℃～8℃环境贮存，避免冻结，使用前使之自然升至舍温。

第四，油乳剂灭活疫苗若有分层、破乳现象，或有异物和杂质时不宜使用。

第五,灭活疫苗一旦开封,应当日用完,残留的疫苗予以报废。

第六,每注射 100 只鸡应更换 1 个已消毒的针头。

第七,不可将 2 种以上油乳剂灭活疫苗混合在一起注射,也不可在油苗中加入抗生素或其他药物。

5. 喷雾免疫　鸡的呼吸系统有特殊的气囊结构,气体经肺运行,并经肺内管道进出气囊,这一特点,增大了气体扩散面积,从而增加了疫苗的吸收量,能在气管和支气管黏膜表面产生局部黏膜抗体,建立免疫屏障,有效地防止或减少病原体从呼吸道的侵入。优点是省时省力,产生免疫力时间快、效果好。缺点是操作技术要求高,易导致免疫失败;若鸡群已经发生上呼吸道感染,喷雾免疫会加重呼吸道症状。喷雾免疫的技术要点如下。

(1)雾滴大小　8 周龄以内雏鸡,控制雾滴在 80 微米以上;8 周龄以上鸡,雾滴大小以 30～40 微米为宜。

(2)稀释液用量　每 1 000 羽份疫苗,1 周龄鸡需要稀释液 200～300 毫升,2～4 周龄鸡 400～500 毫升,5～10 周龄鸡 800～1 000 毫升,10 周龄以上鸡 1 500～2 000 毫升。同时还要考虑鸡群所占的面积大小。

(3)喷雾头高度　应在鸡背上方 1 米左右平行喷雾,使气雾粒子在空气中缓缓降落,不应直接喷向鸡体。

(4)注意事项　① 喷雾前尽量减少鸡舍灰尘;②减少应激刺激;③喷雾时尽量减少空气流动,喷雾后半小时方可通风;④保持鸡舍适宜温度和湿度,一般以舍温 18℃～24℃、空气相对湿度 65％为宜;⑤选用高效价疫苗;⑥鸡群有呼吸道疾病时不宜采用喷雾免疫。

(九)用药物控制疾病

药物防治是控制细菌和寄生虫疾病的重要措施,在蛋鸡生产中通过混入饮水、拌入饲料、肌内注射或浸泡、喷洒等方式给药,能够有效抑制或杀灭鸡只体内外的微生物和寄生虫。

1. 药物的选用

(1)选择特效药物 使用药物要首先明确使用的目的,是预防还是治疗,是防治哪一种疾病,这种疾病是否已经确诊。疾病没有确诊就随意用药是目前滥用药物的现象之一。病原体对药物的敏感性存在很大差异,同一种药物对于某种病原体可能有很好的抑制或杀灭效果,但是对另一种病原体的抑制或杀灭作用不显著,甚至没有效果。在实际生产中应该通过药物敏感实验,确定哪种药物对本场存在的相应病原体具有高度的敏感性。

(2)避免病原体耐药性形成 一种药物长期使用很容易使病原体产生耐药性,这在蛋鸡生产中经常遇到。开始使用某种药物控制特定的疾病效果很好,但是随着药物使用时间的延长其效果也随之下降。其原因在于病原体在生存过程中会不断发生变异,对其环境中存在的药物会产生适应性。

防止病原体产生耐药性的主要方法是:定期更换使用的药物,不长期使用某一种药物。

(3)减少产品中药物残留 一些药物在蛋鸡体内代谢时间长,能够在肉、蛋中蓄积,导致肉蛋产品中的药物残留。这是影响消费者健康和影响我国家禽产品出口的关键因素。必须引起家禽养殖者的注意。

(4)选择使用药物 在蛋鸡生产中有些药物可以使用,而有些是不能使用的。我国已经制定了家禽的药物使用规范,详见本章第二个问题。

(5)适时停药　对于一些预防疾病、促进生长效果好的药物,如果在肉禽上市前7～10天停止使用,在肉中的残留基本不存在,不会对消费者产生危害。

(6)合理配伍　某些药物联合使用后相互之间会产生协同效应或拮抗效应。具有协同作用的药物联合使用后药物效力超过单一一种药物的效力,而具有拮抗作用的药物联合使用后会使药物效力降低甚至产生有害的作用。在使用药物之前应该了解药物的互补问题,选择具有协同作用的药物配合使用。

有许多药物存在配伍禁忌,不能混用,特别是配伍后药性(毒性)加剧的药品更应注意。如敌百虫与碱性药物混用,能生成毒性更强的敌敌畏,对家禽是剧毒药品。

2.用药方法

(1)口服给药　将药物按照用量说明加入饲料或饮水中,搅拌均匀,让鸡只采食加药饲料或饮用加药的水,药物通过消化道进入机体。

(2)注射给药　将药物按照要求稀释后,按照用量要求用注射器把药物注射到鸡只的肌肉内或皮下被机体吸收。

(3)体外用药　一些消毒药物和驱除体外寄生虫的药物可以采用这种方法,包括涂抹、喷洒、沙浴等。

(十)污物的排放和无害化处理

在养鸡场污物的处理方面,有粪便的堆积发酵、烘干、沼气化处理,病死鸡的处理则主要有深埋和焚烧等方式。

1.堆积发酵　鸡的粪便中含有大量对植物非常有用的营养成分,因而无论是我国还是经济发达的国家,将鸡粪作肥料使用均是一种重要的消纳方式。将粪污经堆肥处理后利用，是目前我国使用较广泛的形式。堆肥时，在一定的温度、湿度和氧气的作用下，利用粪污中的微生物发酵产生的热，既可杀死大部分病原菌及寄生虫卵，又能除去臭气，同时方法简便易行、投资少，但易造成空气和水源的污染。为减少污染，可将堆肥场地硬化，外垒矮墙，上搭塑料棚。

国外许多发达国家，利用现代微生物技术和生物发酵工艺，在发酵塔中对鸡粪通过快速发酵、杀菌、脱臭后添加适量复合微肥，制成复合有机肥，既防止了污染，提高了肥效，又不破坏土壤，价格也较化肥低。在重视环保，发展"绿色农业"的今天，此技术有很大的发展空间。

鸡粪当做肥料时，应了解粪污中氮、磷含量和比例及重金属含量，还应准确估计土地和作物所能消化的营养量。因而应合理选择施肥方法和种植体系等。

2. 烘干　使用专门的粪便烘干设备，通过使用高温蒸汽与粪便的充分混合，杀死粪便内的病原体，脱去粪便的臭味，并促使粪便中水分的蒸发，使粪便经过处理后水分的含量降低至 20％以下，便于贮存和使用。

3. 沼气化处理　将鸡只生产过程中产生的粪水导入沼气池内，通过微生物的作用产生沼气，为取暖、照明、做饭提供能源。沼气废渣是很好的有机肥，其中的病原体经过发酵处理基本都被杀死。但是由于鸡的粪便中氮的含量高，碳水化合物含量少，做沼气处理的时候必须加入碎草秸或牛粪、猪粪等。

4. 焚烧　在大型蛋鸡场都应该配备专门的焚化炉，每天死亡的鸡只（尤其是由于传染病而死亡的）被送入焚化炉焚烧，这样可以彻底清除病死鸡成为场内的传染源。

5. 深埋　没有焚化炉的蛋鸡场应该在远离生产区的地方挖一个深达 4～5 米、内径约 3 米的深坑,并进行适当的防渗处理,坑口用带口(口径约 50 厘米)水泥预制板封盖。每天将死亡的鸡只投入深坑内并同时用消毒剂泼洒,之后将口盖住。当一个深坑内死鸡数量填埋到距坑口约 1 米的时候用生石灰覆盖 30 厘米,上面再用土填实。再挖第二个深坑使用。

目前,在不少地方的小型蛋鸡场内死亡的鸡只随便丢弃现象普遍存在,甚至有人专门收购病死鸡进行加工销售。这属于违法行为。这就为鸡病的传播提供了条件,也是国内一些地方鸡病难以有效控制的重要原因。

二、蛋鸡生产中药物的标准化使用

(一)抗生素药物和抗菌药物

1. 常用抗生素和抗菌药物

(1)家禽常用药物　　见表 8-1。

表 8-1　家禽常用药物

名　称	适 应 症
青霉素	葡萄球菌病、链球菌病、坏死性肠炎、禽霍乱、李氏杆菌病、丹毒病及各种并发、继发感染
链霉素	禽霍乱、传染性鼻炎、鸡白痢、鸡副伤寒、大肠杆菌、溃疡性肠炎、慢性呼吸道病、细菌性肠炎
庆大霉素	大肠杆菌病、鸡白痢、鸡伤寒、副伤寒、葡萄球菌病、绿脓杆菌病、慢性呼吸道病

名　称	适应症
卡那霉素	鸡白痢、鸡伤寒、副伤寒、禽霍乱、慢性呼吸道病、大肠杆菌病、坏死性肠炎
四环素、金霉素、土霉素	鸡白痢、鸡伤寒、副伤寒、禽霍乱、鸡传染性鼻炎、葡萄球菌病、链球菌病、传染性滑膜炎、慢性呼吸道疾病、大肠杆菌病、溃疡性肠炎、球虫病
红霉素	慢性呼吸道疾病、传染性滑膜炎、传染性鼻炎、坏死性肠炎、葡萄球菌病、链球菌病、细菌性肝炎、丹毒病
泰乐菌素	慢性呼吸道病、传染性关节炎、坏死性肠炎、坏死性皮炎。5～10毫克/千克拌料,促进生长,提高饲料报酬
北里霉素	慢性呼吸道病。5.5～11毫克/千克拌料,促进生长,提高饲料报酬
制霉菌素	曲霉菌病、念珠菌病、鸡冠癣
磺胺脒	鸡白痢、鸡伤寒、副伤寒及其他细菌性肠炎、球虫病
磺胺嘧啶	禽霍乱、鸡白痢、鸡伤寒、副伤寒、大肠杆菌病、卡氏白细胞原虫病等
磺胺喹噁啉	禽霍乱、鸡白痢、鸡伤寒、大肠杆菌病、卡氏白细胞原虫病、球虫病等
磺胺甲基异噁唑	禽霍乱、慢性呼吸道病、葡萄球菌病、链球菌病、鸡白痢、鸡伤寒、副伤寒等
磺胺-5-甲氧嘧啶	禽霍乱、慢性呼吸道病、鸡白痢、鸡伤寒、副伤寒、球虫病
磺胺-6-甲氧嘧啶	大肠杆菌病、鸡白痢、鸡伤寒、副伤寒、球虫病
磺胺二甲嘧啶、磺胺异噁唑	禽霍乱、鸡白痢、鸡伤寒、副伤寒、大肠杆菌病、传染性鼻炎、葡萄球菌病、球虫病等

名　称	适 应 症
复方敌菌净	鸡白痢、鸡伤寒、球虫病、禽霍乱
复方新诺明	禽霍乱、鸡传染性鼻炎、沙门氏菌病等
氯苯胍	鸡球虫病,预防从 15～56 日龄;治疗连用 3 天
球痢灵	鸡球虫病,治疗连用 3～5 天
氨丙啉	鸡球虫病(可用于蛋鸡)
氟哌酸	禽霍乱、鸡白痢、鸡伤寒、副伤寒、葡萄球菌病、大肠杆菌病

（2）允许做饲料药物添加剂的兽药品种及使用规定　见表 8-2。

表 8-2　允许做饲料药物添加剂的兽药品种及使用规定

	品　种	适用年龄上限	配合饲料中最低用量（克/吨）	配合饲料中最高用量(克/吨)	停药期（天）	注意事项
抗球虫类	盐酸氨丙啉		62.5	125	0	维生素 B_1 大于 10 克/吨时明显拮抗
	盐酸氨丙啉＋乙氧酰胺苯甲酯（125：18）		62.5＋4	125＋8	7	产蛋期禁用;维生素 B_1 大于 10 克/吨时明显拮抗
	盐酸氨丙啉＋乙氧酰胺苯甲酯＋磺胺喹噁啉（100：5：60）			100＋5＋60	7	产蛋期禁用,维生素 B_1 大于 10 克/吨时明显拮抗
	硝酸二甲硫胺			62	3	产蛋期禁用,维生素 B_1 大于 10 克/吨时明显拮抗

品　　种	适用年龄上限	配合饲料中最低用量（克/吨）	配合饲料中最高用量（克/吨）	停药期（天）	注意事项
氯羟吡啶	16周		125	5	产蛋期禁用
尼卡巴嗪		100	125		产蛋期禁用，高温季节慎用
尼卡巴嗪＋乙氧酰胺苯甲酯（125∶8）			125＋8		产蛋期禁用，高温季节慎用，种鸡禁用
氢溴酸常山酮			3	5	产蛋期禁用，水禽禁用
盐酸氯苯胍		30	36	7	产蛋期禁用
二硝托胺（球痢灵）			125	3	产蛋期禁用
拉沙洛西钠	16周	75（7500万单位）	125（12500万单位）	5	产蛋期禁用，马属动物禁用，用后会致死
马杜霉素铵		5（500万单位）	5（500万单位）	5～7	产蛋期禁用，用量大于6克/吨时明显抑制生长，与其他药物混用应慎重
莫能菌素钠	16周	90（9000万单位）	110（11000万单位）	3	产蛋期禁用，马属动物禁用，用后会致死，禁与泰乐菌素或竹桃霉素合用
盐霉素钠		50（5000万单位）	60（6000万单位）	5	产蛋期禁用，马属动物禁用，用后会致死，禁与泰乐菌素或竹桃霉素合用
甲基盐霉素钠		60（6000万单位）	70（7000万单位）	5	产蛋期禁用，马属动物禁用，禁与泰乐菌素或竹桃霉素合用
甲基盐霉素钠＋尼卡巴嗪（1∶1）		40＋40	50＋50	7	产蛋期禁用，马属动物禁用，禁与泰乐菌素或竹桃霉素合用
海南霉素钠		5（500万单位）	7.5（750万单位）	7	产蛋期禁用，马属动物禁用，禁与泰乐菌素或竹桃霉素合用

抗球虫类

品　　种	适用年龄上限	配合饲料中最低用量（克/吨）	配合饲料中最高用量（克/吨）	停药期（天）	注意事项
驱虫类 越霉素 A		5（500 万单位）	10（1000 万单位）	3	产蛋期禁用
潮霉素 B		8（800 万单位）	12（1200 万单位）	15	产蛋期禁用
抑菌类 杆菌肽锌	16 周	4（16 万单位）	20(80 万单位)	0	
硫酸粘杆菌素	10 周	2（6000 万单位）	20（60000 万单位）	7	产蛋期禁用
杆菌肽锌＋硫酸粘杆菌素(5∶1)	10 周	2	20	7	
黄霉素	肉鸡	1（100 万单位）	5（500 万单位）	0	
北里霉素	10 周	5（500 万单位）	10（1000 万单位）	2	产蛋期禁用
恩拉霉素	10 周	1（100 万单位）	10（1000 万单位）		产蛋期禁用
金霉素	肉鸡 10 周	20（2000 万单位）	50（5000 万单位）	7	高用量时,低钙(0.4%～0.55%)饲料中连用不得超过5天
土霉素		5（500 万单位）	50（5000 万单位）	0	产蛋期禁用,低钙(0.18%～0.55%)饲料中连用不得超过5天
维吉尼霉素	16 周	2（204 万单位）	5(510 万单位)	1	产蛋期禁用
硫酸泰乐菌素		4（400 万单位）	50（5000 万单位）	5	产蛋期禁用

2. 产蛋鸡禁止使用的药物 一些药物会对蛋的形成过程产生不良影响、有的会造成胚胎畸形,因此这些药物在鸡群产蛋期间不能使用。

(1)磺胺类药物 包括磺胺嘧啶、磺胺脒等和含有磺胺类成分的药物。磺胺类药物可使家禽产软壳蛋、薄壳蛋,且产蛋率下降。

(2)呋喃类药物 呋喃类药物是治疗白痢、卡氏白细胞原虫病的有效药物,但该药物却能抑制鸡的产蛋性能。

(3)抗球虫类药物 包括球痢净、壮球净和克球粉等,这类药物也有抑制产蛋的副作用。

(4)四环素类药物 四环素可与鸡体中的钙离子结合,形成难溶的钙盐而排出体外,因而阻碍了蛋壳的形成,使蛋鸡产软壳蛋。

(5)新生霉素类药物 新生霉素类药物可使蛋鸡的肝、肾等器官受到损害,从而使产蛋减少。

(二)常用消毒药

1. 可用于饮水的消毒剂 这类消毒剂既可以对饮水进行消毒处理也可以用于环境消毒。

(1)漂白粉 又名氯石灰。饮水消毒可在 1 000 升水中加 6~10 克漂白粉,10~30 分钟后即可饮用;地面和路面可撒干粉再洒水;粪便和污水可按 1:5 的用量,一边搅拌,一边加入漂白粉。

(2)季铵盐类消毒剂 以百毒杀为代表,使用时按说明使用。

(3)高锰酸钾 饮水的浓度为 0.02%;以 0.5%~1% 溶液用于器械洗涤、浸泡;与甲醛合用作熏蒸消毒,比例为1:2。

（4）次氯酸钠　有效成分为次氯酸。饮水消毒用 50 毫克/升，环境消毒用 200～300 毫克/升。

2. 环境消毒剂　这类消毒剂毒性或刺激性比较大，仅用于对环境的消毒。

（1）苯酚　又名石碳酸。常以 0.5%～1% 浓度对环境、器械消毒。

（2）煤酚皂溶液　又名来苏儿。常以 3%～5% 溶液用于鸡舍、用具等消毒，以 5%～10% 溶液用于排泄物消毒。

（3）克辽林　又名臭药水。以 0.3%～0.5% 溶液用于鸡舍地面消毒；以 3%～5% 溶液用于鸡舍、用具及排泄物消毒。

（4）氢氧化钠　又名苛性钠、烧碱。以 2% 溶液用于细菌、病毒污染的消毒，以 5% 溶液用于炭疽菌的消毒。消毒后的器械、器皿应用清水冲洗干净。

（5）生石灰　又名氧化钙。以 10%～20% 石灰乳用于地面、墙壁的涂刷（现用现配）。生石灰用于道路、鸡舍门口等出入处地面撒布消毒，或用于排泄物的消毒。

（6）醋酸　常用于空气消毒、预防感冒和流感。按每 100 立方米空间用 20～40 毫升（如用食用醋，可加大用量 10～30 倍）加热熏蒸 2～3 小时。为减少醋酸对物品的损害，可以消毒后在不耐酸的物品上喷洒 30% 的氨水中和醋酸。

（7）甲醛溶液　40%～42% 的甲醛溶液商品名称为福尔马林。以 2% 溶液用于浸泡器械，3%～5% 溶液用于鸡舍地面、墙壁、器具的消毒，并常与高锰酸钾合用做鸡舍、种蛋、孵化器及带鸡熏蒸消毒（甲醛溶液与高锰酸钾的比例为 2：1）。

（8）过氧乙酸　以 0.04%～0.2% 溶液用于环境、鸡舍的喷雾消毒；以 3%～5% 溶液用于室内空气消毒，关闭门窗，加热熏蒸 1～2 小时，相对湿度为 60%～80%。

(9)新洁尔灭　以 0.05～0.1％水溶液用于手臂及小件器械的浸泡消毒或种蛋的洗涤消毒,以 0.15％～2％水溶液用于鸡舍的喷雾消毒。注意不能与肥皂、洗衣粉、碘、碘化钾、过氧化物合用。

(10)二氧化氯消毒剂　卤素类消毒剂。是国际上公认的新一代广谱强力消毒剂,被世界卫生组织列为 A1 级高效安全消毒剂,杀菌能力是氯气的 3～5 倍。可应用于畜禽活体、饮水、鲜活饲料消毒保鲜、栏舍空气、地面、设施等环境消毒、除臭。本品使用安全、方便,消毒除臭作用强,单位面积使用价格低。

(11)消毒威(二氯异氰尿酸钠)　卤素类消毒剂。使用方便,主要用于养殖场地喷洒消毒和浸泡消毒,也可用于饮水消毒。消毒力较强,可带畜、禽消毒。使用时按说明书标明的消毒对象和稀释比例配制。

3.皮肤与创口消毒剂

(1)乙醇　又名酒精。以 70％～75％溶液用于皮肤及小件器械的消毒。

(2)碘酊　又名碘酒。以 2％碘酊用于人的皮肤消毒,以 3％～5％用于创伤、手术部位或注射部位消毒,也用于家畜皮肤消毒。

(3)雷夫奴尔　又名利凡诺。以 0.1％～0.5％用于黏膜、皮肤创伤感染的消毒。

(三)常用驱虫药

1.抗球虫药物　包括氯苯胍、氨丙啉、球痢灵、尼卡巴嗪、常山酮、百球清、磺胺氯吡嗪(又名三字球虫粉)、莫能菌素、拉沙洛西、盐霉素、马杜霉素等。

2. 驱虫药 包括左旋咪唑、丙硫苯咪唑、氯硝柳胺、吡喹酮、槟榔碱等。

3. 杀虫药 包括除虫菊、敌杀死、速灭杀丁、敌百虫等。

(四)常用疫苗

疫苗的类型有很多。不同公司生产的疫苗的毒株和使用方法大体相同,必须按照商品说明书介绍的剂量和方法使用。

1. 活疫苗与灭活疫苗

(1)活疫苗 疫苗中的病毒都是活病毒,只是疫苗病毒的毒力很低,接种后不仅不会引起鸡发病,还能够刺激鸡的免疫系统产生特异的抗体。这种疫苗绝大多数都属于冻干苗,需要低温保存,如在 $-15℃$ 以下,有效期为 18 个月;在 $2℃\sim8℃$ 保存,有效期为 1 年。这类疫苗可以通过滴鼻、滴口、点眼、饮水、注射多种途径接种。

(2)灭活疫苗 是经过培养的致弱病毒用甲醛溶液灭活,之后再与佐剂(如矿物油或蜂胶、氢氧化铝等)混匀后制成的疫苗。灭活疫苗在 $2℃\sim8℃$ 避光保存,有效期为 12 个月。没有病原体的增殖,没有对正在应激的、产蛋的或者产生免疫抑制的鸡引起传染的危险,没有新的活病原体被带入鸡场,更不会有毒力的增强或者对易感鸡群传播疾病的危险。灭活疫苗没有传染性成分,更容易被制成联合疫苗。但是,由于油乳剂疫苗释放缓慢,一般 $2\sim3$ 周后才能使机体达到较高的抗体水平,做紧急预防注射收不到相应的预防效果。灭活疫苗只能通过注射途径接种。

2. 单价苗、多价苗与多联疫苗

(1)单价疫苗 利用同一种微生物菌(毒)株或同一种微生物中的单一血清型的毒株增殖培养物制备的疫苗称为单价

疫苗。单价疫苗对单一血清型微生物所致的病患有免疫保护效能,但单价疫苗仅能对多血清型微生物所致病中的对应型有保护作用,而不能使免疫蛋鸡获得完全的免疫保护。

(2)多价疫苗 指同一种微生物中若干血清型毒株的增殖培养物制备的疫苗。多价疫苗能使免疫蛋鸡获得完全的保护力,且可适于不同地区使用。

(3)多联疫苗 又称混合疫苗。指利用不同种类的微生物的增殖培养物按免疫学原理、方法组合而成。接种蛋鸡后能产生相应疾病的免疫保护,具有减少接种次数、使用方便等优点,是一针防多病的生物制剂。

3. 鸡传染性法氏囊病疫苗

(1)鸡传染性法氏囊病中等毒力活疫苗 用鸡传染性法氏囊病中等毒力 B_{87} 株,接种 SPF 鸡胚,收获感染鸡胚,加适宜稳定剂,经冷冻真空干燥制成。本品每只份至少含鸡传染性法氏囊 B_{87} 株 1 000 鸡胚半数致死量(ELD_{50})。本品为微红色海绵状疏松团块,加稀释液后迅速溶解。

①用途 用于预防雏鸡的传染性法氏囊病。可用于各种雏鸡。

②用法与用量 可采用点眼、口服、注射途径接种。点眼、口服:按瓶签标明羽份,点眼或滴口中 1 滴(约 0.03 毫升);饮水免疫剂量应加倍。对有母源抗体雏鸡,依母源抗体水平,宜在 14～28 日龄使用。

(2)鸡传染性法氏囊病中等毒力活疫苗(NF_8 株) 含传染性法氏囊病毒 NF_8 株含量 $\geqslant 103ELD_{50}$/羽份。可采用点眼、口服或注射等免疫途径,每羽份不低于 1 000 ELD_{50};饮水免疫,剂量加倍。

对于母源抗体水平不明的鸡群,推荐的首免时间为 10～

14 日龄，间隔 7～14 日后进行第二次免疫。对已知的高母源抗体鸡群，首免时间可在 18～21 日龄，间隔 7～14 日后进行第二次免疫。

（3）鸡传染性法氏囊病灭活疫苗　是用鸡传染性法氏囊病细胞毒 BKF 株制造的油佐剂灭活疫苗。接种本疫苗的种鸡，其后代所获得的母源抗体能保护雏鸡在 3～4 周内免受法氏囊病毒感染。种鸡 18～20 周龄、40～42 周龄颈背部皮下注射，每只鸡 1 毫升。

4. 新城疫疫苗

（1）鸡新城疫低毒力活疫苗（Ⅱ系）　本品为微黄色海绵状疏松团块，易与瓶壁脱离，加稀释液后迅速溶解。滴鼻、点眼、饮水或气雾免疫均可。按瓶签注明羽份，用生理盐水或适宜稀释液稀释。滴鼻或点眼免疫，每只鸡 0.05 毫升；饮水或喷雾免疫，每只鸡 2 羽份。本品在运输和使用时，气温在 10℃ 以上必须放在装有冰块的冷藏容器内，气温在 10℃ 以下可用普通包装运送；严禁阳光照射和接触高温，各单位收到疫苗后应立即冷冻保存。

（2）鸡新城疫低毒力活疫苗（Lasota 株）　本品为微黄色海绵状疏松团块，易与瓶壁脱离，加稀释液后迅速溶解。滴鼻、点眼、饮水或气雾免疫均可。按瓶签注明羽份，用生理盐水或适宜稀释液稀释。滴鼻或点眼免疫，每只鸡 0.05 毫升；饮水或喷雾免疫，每只鸡 2 羽份。

（3）鸡新城疫低毒力活疫苗（C30-86 株）　系用鸡新城疫低毒力（C30-86 株）接种易感鸡胚，收获感染胚液，加入适量的稳定剂，经冷冻真空干燥制成。其病毒含量 ≥ 106.17 ELD_{50}/羽份。本品为淡黄色疏松团块，加入稀释液后迅速溶解。

①滴鼻或点眼免疫　按瓶签注明的羽份用灭菌生理盐水适当稀释,用滴管吸取疫苗,每只鸡滴鼻或点眼 0.05 毫升。

②饮水免疫　采取无氯离子的清洁水如蒸馏水、冷开水稀释疫苗,使用剂量平均每鸡 2 个羽份,充分溶解均匀后饮用。

(4)鸡新城疫中等毒力活疫苗(Ⅰ系)　本品为微黄色海绵状疏松团块,易与瓶壁脱离,加稀释液后迅速溶解。专供已经鸡新城疫弱毒株疫苗(如Ⅱ系、Lasota 苗等)免疫过的 2 个月龄以上鸡使用,初生雏鸡不得使用。按瓶签注明羽份,用生理盐水适当稀释,皮下或胸部肌内注射 1 毫升,点眼 $0.05\sim$ 0.1 毫升,也可刺种和饮水免疫。在有成鸡和雏鸡的饲养场,使用本品时,应注意消毒隔离,避免疫苗毒的传播,引起雏鸡死亡。

(5)鸡新城疫油乳剂灭活苗　为乳白色乳状液。60 日龄以上鸡注射 0.5 毫升,免疫期为 10 个月。用弱毒活疫苗免疫过的母鸡,在开产前 $14\sim21$ 日注射 0.5 毫升灭活疫苗,可保护整个产蛋期。

5. 鸡传染性支气管炎疫苗

(1)鸡传染性支气管炎活疫苗(H_{52})　系用鸡传染性支气管炎中等毒力 H_{52} 株接种 SPF 鸡胚,收获感染胚液,加适宜稳定剂,经冷冻真空干燥制成。本品每头份至少含鸡传染性支气管炎中等毒力 H_{52} 株 103.5 ELD_{50}。本品呈白色海绵状疏松团块,加入稀释液后迅速溶解。

本疫苗用于预防鸡传染性支气管炎病,适用于 1 月龄以上的健康鸡群免疫接种。

①滴鼻、点眼或饮水免疫　用生理盐水、蒸馏水或水质良好的冷开水稀释。按瓶签注明羽份将疫苗适当稀释,用滴管

吸取疫苗,每鸡滴鼻、点眼各 1 滴(约 0.03 毫升)。

②饮水免疫　剂量加倍,鸡群在 2 小时内自由饮完。其饮用水量每只鸡(4 周龄以上)10～20 毫升。

(2)鸡传染性支气管炎活疫苗(H_{120})　系用鸡传染性支气管炎病毒弱毒 H_{120} 株接种 SPF 鸡胚,收获感染胚液,加适宜稳定剂,经冷冻真空干燥制成。本品每羽份至少含鸡传染性支气管炎病毒弱毒 H_{120} 株 103.5 ELD_{50}。本品适用于雏鸡免疫。免疫后 5～8 天产生免疫力,免疫期为 2 个月。

用生理盐水、蒸馏水或水质良好的冷开水稀释。

①滴鼻免疫　按瓶签注明羽份将疫苗适当稀释,用滴管吸取疫苗,每鸡滴鼻 1 滴(约 0.03 毫升)。

②饮水免疫　剂量加倍,其饮用水量,根据鸡龄大小而定,5～10 日龄,每只 5～10 毫升;20～30 日龄,每只 10～20 毫升。雏鸡使用本疫苗免疫 1 个月后,须用鸡传染性支气管炎 H_{52} 疫苗做加强免疫。

(3)鸡传染性支气管炎活疫苗(W_{93} 株)　滴鼻接种按瓶签注明羽份做适当稀释(1 000 羽份疫苗用 30 毫升生理盐水稀释),用滴管吸取疫苗,每鸡滴鼻 1 滴(约 0.03 毫升)。饮水接种剂量加倍。疫苗稀释后应放冷暗处,必须在 4 小时内用完。

6. 鸡马立克氏病疫苗

(1)鸡马立克氏火鸡疱疹病毒活疫苗　采用火鸡疱疹病毒 FC-126 株接种 SPF 鸡胚成纤维细胞,收集感染细胞,经处理后加入适当保护剂冷冻真空干燥制成。本品为白色疏松团块,加入专用稀释液后迅速溶解。用于预防鸡马立克氏病,适用于各品种的 1 日龄雏鸡。

按瓶签注明的羽份加入专用稀释液,每只雏鸡肌内或皮下注射 0.2 毫升[含 2000 PFU（蚀斑单位）]。用冷藏的稀释液稀释疫苗,且周围放置冰块,避免阳光照射。疫苗在 1 小时内用完。专用稀释液用前在 2℃～8℃预冷,高温消毒用具必须完全冷却后使用。

（2）鸡马立克氏病活疫苗（CVI988/Rispens 株） 含鸡马立克氏病病毒 CVI988/Rispens 株,至少 3000 PFU/羽份。按瓶签注明的羽份,用稀释液稀释,每只雏鸡肌内或皮下注射 0.2 毫升。

操作过程中操作人员戴上手套和面罩,以防损伤。打开液氮罐,将提筒垂直提起到液氮罐颈部,暴露出要取的安瓿,迅速取出安瓿（每次只取出 1 只安瓿）,立即将提筒放回罐内,提筒钩要复位,盖好罐塞。安瓿在液氮罐外空气中暴露时间越短越好,最好不要超过 10 秒钟。

①疫苗解冻 取出的安瓿应立即放入 27℃～35℃温水中速融（不能超过 60 秒钟）,疫苗一旦解冻就不能再放回液氮中。

②疫苗稀释 取出疫苗安瓿,立即用挤干的酒精棉球消毒瓶颈,瓶上不能留有酒精液体。轻弹安瓿顶部（防止疫苗滞留在安瓿顶部）,小心开瓶。用配有 12 号或 16 号针头的无菌注射器从安瓿中吸出疫苗,立即缓缓注入 25℃左右的专用疫苗稀释液中,并用稀释液多次洗涤安瓿,避免疫苗损失。按瓶签注明的羽份计算,每只鸡皮下或腹腔内注射 0.2 毫升（1 羽份）。稀释时间不超过 30 秒钟。

疫苗与稀释液混合后,随时旋转混匀,以免因细胞沉淀造成接种量不均匀。疫苗必须现配现用。稀释后的疫苗应保持在 25℃（±2℃）条件下,1 小时内用完。

7. 鸡痘活疫苗 系用鸡痘鹌鹑化弱毒株,接种 SPF 鸡胚或鸡成纤维细胞培养,收获后加适宜稳定剂,经冷冻真空干燥制成。本品每羽份至少含有鸡痘鹌鹑化弱毒株 $103ELD_{50}$。本品为淡红色或淡黄色海绵状疏松团块,加入稀释液后迅速溶解。

本品用于预防鸡痘,其免疫期成鸡为 5 个月;雏鸡为 2 个月。

按瓶签注明羽份用生理盐水稀释,用鸡痘刺针或灭菌钢笔尖吸取稀释的疫苗于翅膀内侧无血管处皮下刺种,20～30日龄雏鸡刺 1 针,1 月龄以上鸡刺 2 针。6～20 日龄雏鸡用稀释 1 倍的疫苗刺 1 针。接种后 3～4 天,刺种部位微现红肿、结痂,2～3 周脱落。后备种鸡可于雏鸡期免疫 60 天后再免疫 1 次。疫苗一经稀释,必须在 4 小时内用完。

8. 鸡传染性喉气管炎弱毒苗 系用鸡传染性喉气管炎疫苗弱毒株接种 SPF 鸡胚,收获感染的鸡胚绒毛尿囊膜,混合研磨,加适宜稳定剂,经冷冻真空干燥制成。本品每羽份至少含鸡传染性喉气管炎病毒弱毒株 $102.7\ ELD_{50}$。本品为淡红色海绵状疏松团块,加稀释液后迅速溶解。

用于预防鸡传染性喉气管炎,适应于 35 日龄以上的鸡,免疫期为 6 个月。

用点眼法免疫。按瓶签注明的羽份用灭菌生理盐水稀释,点眼 1 滴(0.03 毫升),蛋鸡在 35 日龄第一次接种后,在产蛋前再接种 1 次。疫苗稀释后应放在冷阴处,并在 3 小时内用完。鸡群中发生严重呼吸道病,如传染性鼻炎、支原体感染等,不宜使用本疫苗。

9. 多联疫苗

(1)鸡新城疫、鸡传染性支气管炎(Lasota 株＋H_{120}株)二联活疫苗 滴鼻或饮水免疫,适用于 7 日龄以上鸡。按瓶签注明羽份,用生理盐水、蒸馏水或水质良好的冷开水稀释。滴鼻免疫:每只鸡滴鼻 1 滴(0.03 毫升)。饮水免疫:按瓶签注明的羽份做适当稀释(每只鸡 2 羽份)。

(2)鸡新城疫(Lasota 株)、鸡传染性支气管炎(H$_{52}$株)二联活疫苗 滴嘴或饮水免疫,适用于 21 日龄以上的鸡使用,初生鸡不能使用。按瓶签注明的羽份,用生理盐水、蒸馏水或水质良好的冷开水稀释。使用方法和剂量同上。

(3)鸡新城疫、产蛋下降综合征二联灭活疫苗 肌内或皮下注射。开产前 14～28 日进行免疫,每只鸡 0.5 毫升。

(4)鸡新城疫、传染性法氏囊病二联灭活疫苗 颈部皮下注射。60 日龄以内的鸡,每只 0.5 毫升;开产前的种鸡(120 日龄左右),每只 1 毫升。苗勿冻结,勿在 25℃以上贮运。

(5)鸡新城疫、鸡传染性支气管炎和鸡痘三联活疫苗 适用于 7 日龄以上健康雏鸡。将疫苗按所含组织克数用生理盐水(蒸馏水或冷开水)做 100 倍稀释,在翅膀皮下无血管处注射 0.1 毫升。亦可每只雏鸡点眼 2 滴,并在翅膀内侧无血管处刺种 2 针。为了加强免疫,第一次接种后,隔 20 日按以上方法补种 1 次。

三、蛋鸡的参考免疫程序

在蛋鸡生产中,育种公司各种鸡场提供有免疫程序供参考。但是,由于不同地区、不同季节、不同生产安全环境所造成的差异,这些免疫程序只能作为参考。必要时可通过咨询当地专家进行适当调整。

(一)伊萨巴布考克公司提供的蛋鸡免疫程序

1. B-380 父母代种鸡免疫程序 见表 8-3。

表 8-3　B-380 父母代种鸡免疫程序

日　龄	接种疫苗	接种方法
1	马立克氏病疫苗	皮下注射
5	克隆 30＋新城疫-传染性支气管炎 H_{120}	点眼或滴鼻
	新城疫油苗	颈部皮下注射
15	传染性法氏囊病活疫苗	滴　口
21	鸡　痘	翼下刺种
25	传染性法氏囊病活疫苗	饮　水
28	新城疫-传染性支气管炎 H_{52}	点眼或滴鼻
45	禽流感油苗	肌内或皮下注射
60	新城疫 I 系或克隆 I 系	肌内注射
67	传染性鼻炎油苗	肌内注射
77	脑脊髓炎-鸡痘二联苗	翼下刺种
110	禽流感油苗	肌内或皮下注射
120	传染性法氏囊病油苗	肌内或皮下注射
130	新城疫-传染性支气管炎-减蛋综合征三联油苗	肌内或皮下注射
210	新城疫-流感二联油苗	肌内或皮下注射

2. B-380 商品代蛋鸡建议免疫程序　见表 8-4。

表 8-4　B-380 商品代蛋种鸡免疫程序

日　龄	接种疫苗	接种方法
1	马立克氏病疫苗	皮下注射
5	克隆 30＋新城疫-传染性支气管炎 H_{120}	点眼或滴鼻
	新城疫油苗	颈部皮下注射
15	传染性法氏囊病活疫苗	滴口
21	鸡　痘	翼下刺种

日　龄	接种疫苗	接种方法
25	传染性法氏囊病活疫苗	饮水
28	新城疫-传染性支气管炎 H_{52}	点眼或滴鼻
35	鸡　痘	翼下刺种
45	禽流感油苗	肌内或皮下注射
60	新城疫Ⅰ系或克隆Ⅰ系	肌内注射
67	传染性鼻炎油苗	肌内注射
120	禽流感油苗	肌内或皮下注射
130	新城疫-传染性支气管炎-减蛋综合征三联油苗	肌内或皮下注射
210	新城疫-流感二联油苗	肌内或皮下注射

(二)伊萨新红褐商品代蛋鸡建议免疫程序

见表 8-5。

表 8-5　伊萨新红褐商品代蛋鸡免疫程序

日　龄	接种疫苗	接种方法	剂量(每只)
1	马立克氏病疫苗	皮下注射	1 羽份
2～3	克隆30＋新城疫-传染性支气管炎 H_{120}	点眼或滴鼻	1.5 羽份
8～14	传染性法氏囊病活疫苗	滴口	1.5 羽份

日　龄	接种疫苗	接种方法	剂量(每只)
15	克隆 30＋新城疫-传染性支气管炎 H_{120}	点眼或滴鼻	1.2 羽份
	新城疫-传染性支气管炎-流感三联灭活苗	按说明注射	0.5 羽份
20～30	鸡　痘	翼下刺种	1.2 羽份
20～30	传染性法氏囊病活疫苗	饮水或滴口	2.5 羽份
40	传染性喉气管炎弱毒苗	点眼	1 羽份
44	传染性鼻炎油苗	胸肌注射	1 羽份
70	新城疫-传染性支气管炎 H_{52} 活苗	饮水	3 羽份
85	传染性喉气管炎-禽痘二联苗	按说明使用	
105	禽流感油苗	肌内或皮下注射	1 羽份
155	(多价)新城疫-传染性支气管炎二联活苗	饮水	3.5 羽份
	新城疫-传染性支气管炎-减蛋综合征三联油苗	肌内或皮下注射	1.5 羽份
120	传染性鼻炎油苗	肌内注射	1 羽份

(三)辽宁益康生物制品厂提供的蛋鸡免疫程序

见表 8-6。

表8-6 辽宁益康生物制品厂提供的蛋鸡免疫程序

日 龄	疾病名称	疫 苗	免疫方法	备 注
1	马立克氏病	HVT	皮下注射	PFU≥5000
4～7	传染性支气管炎	$H_{120}+W_{93}$	滴鼻、饮水	
7～14	鸡新城疫	新城疫弱毒苗Lasota株、克隆30	滴鼻、点眼、饮水或气雾	
14～21	传染性法氏囊病	法氏囊活疫苗	滴口或饮水、点眼、滴鼻	
21～28	传染性法氏囊病、鸡痘	法氏囊活疫苗鹌鹑化弱毒疫苗	滴口或饮水、点眼、刺种	
28～35	鸡新城疫	新城疫弱毒苗La-sota株、克隆30	滴鼻、点眼	与油乳剂灭活苗同时使用
35～42	传染性喉气管炎	冻干活疫苗	点眼、滴鼻	非疫区不用
42～49	传染性法氏囊病	法氏囊活疫苗	滴口或饮水、点眼、滴鼻	
49～56	传染性支气管炎	$H_{52}+W_{93}$株	滴鼻、饮水	
70～80	鸡新城疫	新城疫弱毒苗Lasota株（Ⅳ系）	喷雾或饮水（肌肉注射）	根据HI抗体水平决定是否用
90	传染性喉气管炎	冻干活疫苗	点眼、滴鼻,肌内或皮下注射	非疫区不用
110	鸡痘	鹌鹑化弱毒苗	刺种	
120～140	产蛋下降综合征	油乳剂	皮下注射	

第九章　蛋鸡的生产管理和经营

蛋鸡生产作为一种企业运行模式，其目的是要获得良好的效益。纵观近年来我国养蛋鸡场（户）的生产效益，在很大程度上取决于市场鸡蛋价格的变化。因此，有的专家指出，蛋鸡养殖场（户）的效益，75％取决于市场变化，25％取决于饲养管理和疫病防治技术。可见，经营方法在生产效益方面所发挥的作用是十分重要的。而大多数蛋鸡养殖场（户）注重的主要是日常的饲养管理和疫病防治，而常常忽略对市场的把握和开发，这就造成了生产效益的不稳定。

一、把握市场变化规律，合理安排生产

（一）影响鸡蛋市场价格的因素

鸡蛋的市场价格取决于市场的供求情况，供大于求则鸡蛋价格下跌，供不应求则价格上扬，供求平衡则蛋价平稳。考虑到其他因素，目前影响鸡蛋价格的关键因素有以下几条。

1. 蛋鸡饲养数量　我国是世界上蛋鸡存栏数量最多的国家，2005年底的存栏数为17亿只左右。蛋鸡存栏数量大，则鸡蛋总产量高，就可能出现供大于求的局面。

2. 重大鸡病的流行情况　一些能够影响到消费者健康的鸡病流行的时候会对消费者的心理产生极大影响。例如，在禽流感发生的时期不仅影响到鸡蛋的出口，也直接影响到一般群众的消费。购买力的下降会引发鸡蛋价格的下跌。

3. 季节因素 一般年份,春季是鸡蛋价格低,秋、冬季是价格高的时期。春季价格低主要是农户散养的鸡大量进入产蛋期,市场鸡蛋供应增多。另外,由于春节期间许多家庭购买较多的鸡蛋,在春节后一段时期不再继续购买而导致总的购买力下降。

(二)鸡蛋价格的市场变化规律

一般情况下,当鸡蛋价格偏高一个阶段后就会进入一个低价期,继而再次进入高价期,如此循环。但是,高价期和低价期的持续时间长短也受许多因素影响,在每个循环中有较大差别。例如,2003 年鸡蛋价格持续偏低,2004 年全年和 2005 年 9 月份则是持续的高价期,之后进入价格偏低时期,这个时期预计会持续到 2006 年 7 月份。而在 2006 年 8 月份到 2007 年底将会是一个相对稳定的时期。

(三)如何安排蛋鸡生产

作为一个养鸡户对鸡蛋的市场价格变化规律难以准确把握,在安排生产的时候会有一定难度。不过可以采用一种简单的方法安排生产,就是在雏鸡价格高涨、供应紧张的时候不要购买雏鸡;在鸡蛋价格偏低、雏鸡销售价格低且不好卖的时候购买雏鸡。这样做就是逆风而行,从近年来的实践看,这是非常有效的措施。

二、根据国家政策,调整经营方式

(一)当前蛋鸡生产经营的主要模式

目前,农户小规模分散的生产经营方式仍然是当前蛋鸡生产的主要模式。据报道,目前我国存栏的蛋鸡中有 70％左右饲养在规模小于 5 000 只的农户中,饲养规模在 1 000～3 000只的农户是蛋鸡生产的主力军。饲养规模在 50 000 只以上的大中型蛋鸡场所饲养蛋鸡的数量,在蛋鸡总数中所占比例不足 15％。

目前,农户小规模分散生产和经营模式带来的问题很多,如技术含量低、产品卫生质量无保证、总体生产水平低等。

(二)国家对蛋鸡生产的有关政策

1. 养殖污染治理方面　国家环保总局先后出台了《畜禽养殖业污染防治管理办法》、《畜禽养殖业污染防治技术规范》及《畜禽养殖业污染物排放标准》。对规模化养殖场(包括蛋鸡场)生产过程中产生的粪便、污水按照规定必须进行相应的处理,达到排放标准后才能排放。

2. 无公害畜禽产品产地认证　无公害畜禽产品,是指产地环境、生产过程和产品质量符合国家有关标准和规范的要求,经认证合格获得认证证书并允许使用无公害农产品标志的未经加工或者初加工的畜禽产品。产地环境、生产过程和产品质量要符合国家有关标准和规范的要求。如鸡蛋,产地环境需符合"GB/T 18407.32001 无公害畜禽肉产地环境要求"和"NY/T 38-1999 畜禽场环境质量标准"。

3. 市场准入方面　目前,国内大多数大中城市已经制定和启动了农产品市场准入制,规定进入这些城市的农牧产品必须符合相关卫生质量标准,并实行产地—市场挂钩方式。市场准入制的推行对于小规模蛋鸡饲养户的鸡蛋销售将会有很大的限制。

4. 养殖小区建设方面　在 2005 年中央一号文件中强调

了把加强农村养殖小区建设作为促进畜牧业标准化、规范化生产的基础。许多省、市出台了相关的养殖小区建设标准，把分散的养殖户集中到一起，按照规范化生产和管理模式，采用集中经营、分户管理的方式。

(三)生产经营模式的发展方向

随着我国加入世界贸易组织(WTO)后，国际贸易往来将会逐渐增多，加上国内大中城市逐步实行农牧产品市场准入制后对产品供应商和产地的要求越来越严格，小规模的生产企业和养殖户的产品进入流通领域的障碍会越来越多。这就要求各地通过建设养殖小区或成立养殖合作社，进行集中经营和管理，在一个大型合作制公司的牵头下组织生产，统一运销。

三、掌握消费者心理，加强产品包装与宣传

(一)消费者对鸡蛋产品关心的内容

鸡蛋已经成为大众化的食品，作为消费者在消费鸡蛋时所关心的主要内容是其营养和卫生质量。目前，许多蛋鸡养殖场(户)在提高鸡蛋外观质量方面做文章。如高能蛋、高碘蛋、红心蛋、土鸡蛋、绿壳蛋等。这些鸡蛋能够吸引消费者的眼球，能够在某些方面满足消费者的心理，其销售价格比普通鸡蛋高许多。例如，2006年春季在郑州市场上，普通鸡蛋的销售价格为每千克4.1元，而土鸡蛋则达到每千克12元。

一些养鸡场(户)为了迎合消费者的心理，会把绿壳蛋鸡饲养到鸡笼内，生产的鸡蛋蛋壳颜色为青绿色，把这样的鸡蛋

称为绿色食品高价销售。有些养鸡场（户）把蛋重比较小、蛋壳颜色为灰色的蛋鸡进行笼养，所产鸡蛋与土鸡蛋的外观非常相似，经过包装后当作土鸡蛋销售。这样做尽管鸡蛋的内在质量并没有大的改善，但是消费者从心理上能够接受。

鸡蛋的卫生质量是一般消费者无法检测的项目，但是却非常受消费者关心，一旦在大范围内家禽发生大的疫情，消费者就会减少对鸡蛋的消费。一些消费者会从蛋壳质量判断鸡的健康状况，认为鸡蛋畸形、蛋壳薄、表面有粪便沾污、褐壳蛋的颜色变浅等都是鸡群不健康的外在表现，这是很有道理的。作为生产者，必须把提高鸡蛋产品卫生质量放在重要地位，才能更好地赢得消费者的信赖。

（二）重视产品的包装与宣传

在对产品的内在质量无法确认的情况下，许多消费者购买产品时会十分看重产品的外包装。因为通过外包装能够看到鸡蛋的生产单位（包括商标）、生产条件、生产日期、产品质量、保存时间等内容，在一定程度上会有一种信任感。因此，对于蛋鸡养殖场（户）要有商标意识和质量观念，注意对自己产品的包装和合适的宣传。

附录 蛋鸡饲养管理准则

本标准由中华人民共和国农业部提出。

本标准起草单位:中国农业大学动物科技学院、国家家禽测定中心。

本标准主要起草人:宁中华、计成、杨宁、徐桂云。

1 范 围

本标准规定了生产无公害鸡蛋过程中引种、环境、饲料、用药、消毒、鸡蛋收集、废弃物处理各环节的控制。

本标准适用于商品代蛋鸡场,种鸡场出售商品鸡蛋可参照本标准执行。

2 规范性引用文件

下列文件中的条款通过本标准的引用而成为本标准的条款。凡是注日期的引用文件,其随后所有的修改单(不包括勘误的内容)或修订版均不适用于本标准,然而,鼓励根据本标准达成协议的研究是否可使用这些文件的最新版本。凡是不注日期的引用文件,其最新版本适用于本标准。

NY 5040 无公害食品 蛋鸡饲养兽药使用准则

NY 5041 无公害食品 蛋鸡饲养兽医防疫准则

NY 5042 无公害食品 蛋鸡饲养饲料使用准则

3 术 语

下列术语和定义适用于本标准

3.1 无精蛋 none-fertilized eggs 没有受精的种蛋。

3.2 死精蛋 dead fertilezed eggs 在孵化初期胚胎死亡的种蛋。

3.3 净道 none-pollution road 运送饲料、鸡蛋和人员进

出的道路。

3.4 污道 pollution road 粪便、淘汰鸡出场的道路。

3.5 鸡场废弃物 poultry farm waste 主要包括鸡粪(尿)、死鸡和孵化厂废弃物(蛋壳、死胚等)。

3.6 全进全出制 all-in all-out system 同一鸡舍或同一鸡场只饲养同一批次的鸡,同时进场、同时出场的管理制度。

4 引 种

4.1 商品代雏鸡应来自通过有关部门验收的父母代种鸡场或专业孵化厂。

4.2 雏鸡不能带鸡白痢、禽白血病和霉形体病等蛋传疾病,要严格控制。

4.3 不得从疫区购买雏鸡。

5 鸡场环境与工艺

5.1 鸡场环境

鸡场周围环境、空气质量除符合 NY/T 388 外,还应符合以下条件:

5.1.1 鸡场周围 3 千米内无大型化工厂、矿厂或其他畜牧场等污染源;

5.1.2 鸡场距离干线公路 1 千米以上。鸡场距离村、镇居民点至少 1 千米以上;

5.1.3 鸡场不得建在饮用水源、食品厂上游。

5.2 禽舍环境

5.2.1 鸡舍内的温度、湿度环境应满足鸡不同阶段的需求,以降低鸡群发生疾病的机会。

5.2.2 鸡舍内空气中有毒有害气体含量应符合 NY/T 388 的要求。

5.2.3 鸡舍内空气中灰尘控制在 4 毫克/米^3 以下,微生物数量应控制在 25 万个/米³ 以下。

5.3 工艺布局

5.3.1 鸡场净道和污道要分开。

5.3.2 鸡场周围要设绿化隔离带。

5.3.3 全进全出制度,至少每栋鸡舍饲养同一日龄的同一批鸡。

5.3.4 鸡场生产区、生活区分开,雏鸡、成年鸡分开饲养。

5.3.5 鸡舍应有防鸟设施。

5.3.6 鸡舍地面和墙壁应便于清洗,并能耐酸、碱等消毒药液清洗消毒。

6 饲养条件

6.1 饮水

6.1.1 水质符合 NY 5027 的要求。

6.1.2 经常清洗消毒饮水设备,避免细菌孳生。

6.2 饲料和饲料添加剂

6.2.1 使用符合无公害标准的全价饲料,建议参考使用饲养品种饲养手册提供的营养标准。

6.2.2 额外添加预防应激的维生素添加剂、矿物质添加剂应符合 NY 5042 的要求。

6.2.3 不应在饲料中额外添加增色剂,如砷制剂、铬制剂、蛋黄增色剂、铜制剂、活菌制剂、免疫因子等。

6.2.4 不应使用霉败、变质、生虫或被污染的饲料。

6.3 兽药使用

6.3.1 雏鸡、育成鸡前期为预防和治疗疾病使用的药物,应符合 NY 5040 的要求。

6.3.2 育成鸡后期(产蛋前)停止用药,停药时间取决于所用药物,但应保证产蛋开始时药物残留量符合要求。

6.3.3 产蛋阶段正常情况下禁止使用任何药物,包括中草药和抗生素。

6.3.4 产蛋阶段发生疾病应用药治疗时,从用药开始到用药结束后一段时间内(取决于所用药物,执行无公害食品蛋鸡饲养用药规范)产的鸡蛋不得作为食品蛋出售。

6.4 免疫

鸡群的免疫要符合 NY 5041 的要求。

7 卫生消毒

7.1 消毒剂

消毒剂要选择对人和鸡安全、对设备没有破坏性、没有残留毒性、消毒剂的任一成分都不会在肉或蛋里产生有害积累的消毒剂。所用药物要符合 NY 5040 的规定。

7.2 消毒制度

7.2.1 环境消毒

鸡舍周围环境每 2~3 周用 2% 氢氧化钠溶液消毒或撒生石灰 1 次;场周围及场内污水池、排粪坑、下水道出口,每 1~2 个月用漂白粉消毒 1 次。在大门口设消毒池,使用 2% 氢氧化钠或煤酚皂溶液。

7.2.2 人员消毒

工作人员进入生产区要经过洗澡、更衣和紫外线消毒。

7.2.3 鸡舍消毒

进鸡或转群前将鸡舍彻底清扫干净,然后用高压水枪冲洗,再用 0.1% 的新洁尔灭或 4% 来苏儿或 0.2% 过氧乙酸或次氯酸钠、碘伏等消毒液全面喷洒,然后关闭门窗用福尔马林熏蒸消毒。

7.2.4 用具消毒

定期对蛋箱、蛋盘、喂料器等用具进行消毒,可先用

0.1%的新洁尔灭或0.2%～0.5%过氧乙酸消毒,然后在密闭的舍内用福尔马林熏蒸消毒30分钟以上。

7.2.5 带鸡消毒

定期进行带鸡消毒,有利于减少环境中的微生物和空气中的可吸入颗粒物。常用于带鸡消毒的消毒药有0.3%过氧乙酸、0.1%新洁尔灭、0.1%的次氯酸钠等。带鸡消毒要在鸡舍内无鸡蛋的时候进行,以免消毒剂喷洒到鸡蛋表面。

8 饲养管理

8.1 饲养员 饲养员应定期进行健康检查,传染病患者不得从事养殖工作。

8.2 加料 饲料每次添加量要合适,尽量保持饲料新鲜,防止饲料霉变。

8.3 饮水 饮水系统不能漏水,以免弄湿垫料或粪便。定期清洗消毒饮水设备。

8.4 鸡蛋收集

8.4.1 盛放鸡蛋的蛋箱或蛋托应经过消毒。

8.4.2 集蛋人员集蛋前要洗手消毒。

8.4.3 集蛋时将破蛋、砂皮蛋、软蛋、特大蛋、特小蛋单独存放,不作为鲜蛋销售,可用于蛋品加工。

8.4.4 鸡蛋在鸡舍内暴露时间越短越好,从鸡蛋产出到蛋库保存不得超过2小时。

8.4.5 鸡蛋收集后立即用福尔马林熏蒸消毒,消毒后送蛋库保存。

8.4.6 鸡蛋应符合蛋卫生标准GB 2748和鲜鸡蛋SB/T 10277的要求。

8.5 灭鼠 定期投放灭鼠药,控制啮齿类动物。投放鼠药要定时、定点、及时收集死鼠和残余鼠药并做无害化处理。

8.6 杀虫　防止昆虫传播传染病,常用高效低毒化学药物杀虫。喷洒杀虫剂时避免喷洒到鸡蛋表面、饲料中和鸡体上。

9　鸡蛋包装运输

9.1 鸡蛋可用一次性纸蛋盘或塑料蛋盘盛放。盛放鸡蛋的用具使用前应经过消毒。

9.2 纸蛋托盛放鸡蛋应用纸箱包装,每箱 10 盘或 12 盘。纸箱可重复使用,使用前要用福尔马林熏蒸消毒。

9.3 运送鸡蛋的车辆应使用封闭货车或集装箱,不得让鸡蛋直接暴露在空气中进行运输。车辆事先要用消毒液彻底消毒。

10　资　料

每批鸡要有完整的记录资料。记录内容应包括引种、饲料、用药、免疫、发病和治疗情况、饲养日记,资料保存期 2 年。

11　病、死鸡处理

11.1 传染病致死的鸡及因病扑杀的鸡尸体应按 GB 16548 要求进行无公害处理。

11.2 鸡场不得出售病鸡、死鸡。

11.3 有救治价值的病鸡应隔离饲养,由兽医进行诊治。

12　废弃物处理

12.1 鸡场废弃物经无害化处理后可以作为农业用肥。处理方法有堆积生物热处理法、鸡粪干燥处理法。

12.2 鸡场废弃物经无害化处理后不得作为其他动物的饲料。

12.3 孵化厂的副产品无精蛋不得作为鲜蛋销售,可以作为加工用蛋。

12.4 孵化厂的副产品死精蛋可以用于加工动物饲料产品,不得作为人类食品加工用蛋。